그 마법의 원리를 말하다

드론의 세계

The World of Drone

윤창원 · 허준호 지음

KYOWOO

머리말

드론(Drone)는 마법의 열쇠인가?

최근 대한민국은 드론(Drone)의 호황기이자 드론(Drone) 분야의 침체기가 시작되는 시점으로 보는이도 있다. 많은 공학자와 소프트웨어(Software) 학자들이 앞다투어 드론(Drone)에 관한 이야기를 나누었고, 드론(Drone)이 무슨 마법의 열쇠인 듯 언론에서 앞다투어 보도하였다. 그런데, 언젠가 드론(Drone)도 블록체인(Blockchain)처럼 호황기를 마치고 불황기에 들어서고 '드론(Drone)은 허황한 꿈이다' 등의 기사들이 또 쏟아져 나올 수도 있다. 결국, 드론(Drone)는 유행에 좌지우지되고, 이러한 현상은 비단 국내에서 뿐만이 아니고 해외에서도 똑같이 반복되고 있다. 어떠한 기술이던 요술램프처럼 갑자기 나타난 것은 없고, 드론(Drone)도 이와 같다.

과거 인터넷(Internet)이 처음 이 세상에 나왔을 때, 사람들은 이것이 과연 실물경제와 연동할 수 있을까 하는 고민을 하였고 우리 또한 그렇게 생각을 하였다. 하지만 세계의 장벽이 없는 인터넷(Internet)은 온라인 기반 쇼핑몰(Online-based Shopping Mall), 핀테크(FinTech), 메신저(Messenger) 등의 실제 생활에 접목이 된 뒤부터는 우리 생활에 민접하게 적용되면서 폭발적으로 쓰이게 되었다 [1].

드론(Drone)이라는 개념이 오래되었지만, 과연 실세계에 사용 가능한 기술인지, 그리고 기기에 상응하는 경제개념을 인식하고 있는지가 매우 중요하다. 기술이 아무리 좋아도 사용처가 없으면 무용지물이고 사용처가 아무리 많아도 기술이 없으면 필요 없는 Trade-Off 관계인 것이다.

필자들은 실제 생활에 드론(Drone)이 꼭 필요한 분야에 적용이 되었을 때 의미를 부여할 수 있다고 생각한다. 그리고 드론(Drone)은 결국 어느 산업 분야 또는 적용이 가능한 곳에 사용되었느냐에 따라 마법의 열쇠가 될 수도 있고, 불편한 시스템으로 전락할 수도 있어서, 드론(Drone)이 ICT(Information & Communication Technology)가 발전할수록 필요한 응용의 영역이라는 것은 틀림이 없다.

다른 모든 분야의 응용 영역의 플랫폼(Platform)처럼, 사용하지 않아도 사용되고 있는 것처럼 작동하는 메커니즘이 나와야 한다고 생각한다.

한편, 본 저서에서는 드론(Drone)의 기본 원리를 소개하고 다양한 사업 분야에 적용하기 위한 아이디어 발상 기법에 대하여 예를 들어 소개한다. 드론(Drone)은 사람이 타지 않고 무선전파로 원격조정할 수 있는 무인 항공기를 의미하였지만 최근 사람이 탈 수 있는 유인 드론이 나오기도 하였고, 수중 드론 등도 존재한다. 그중 본 저서에서는 기본서로 무인 드론을 중심으로 학부생들이 기초를 배양할 수 있도록 교육과정을 구성하였고 대학원생들이 아이디어 발상을 위한 저서로 활용되기를 희망한다.

저자 윤창원 · 허준호

차례

02-기본내용:
드론의 역사와 원리

1.1. 드론의 역사

드론(Drone)은 사람이 타지 않고 무선전파로 원격조정할 수 있는 무인 항공기를 의미하였지만, 최근에는 사람이 탈 수 있는 유인드론이 나오기도 하였고, 수중 드론 등도 존재한다. 본 저서에서는 무인드론을 중심으로 설명한다.

드론(Drone)은 사람이 타지 않고 무선전파로 원격조정 할 수 있는 무인 항공기이며 무선 조종기를 통하여 조종되며, 카메라(Camera)와 각종 센서(Sensor) 그리고 통신 시스템 등이 탑재되어 있고, 25g부터 1,200kg까지 무게와 크기도 다양하다. 최근에는 문구점, 마트, 백화점 등에서 손쉽게 구입할 수 있을 정도로 보편화 되고 있다.

본 드론(Drone)의 역사 단원에서는 드론(Drone)은 최초로 누가 고안하였는지, 드론(Drone)은 어디에 사용할 수 있는지, 그리고 드론(Drone)이 어떠한 원리로 비행할 수 있는지에 대하여 설명을 한다.

드론(Drone)의 역사는 15세기에 우리에게 익숙한 프로펠러(Propeller)를 그린, 레오나르도 다빈치 헬리콥터(Leonardo Da Vinci Helicopter)의 조감도와 [그림. 1]의 1907년 프랑스 공학자 폴 코르뉘(Paul Cornu) 헬리콥터에서 확인할 수 있는 것으로 사료된다. [그림. 1]의 (가)는 인류 역사상 최초로 수직 이착륙에 성공한 프랑스의 엔지니어 폴 코르뉘(Paul Cornu)의 코르뉘 헬리콥터가 프랑스 샹젤리제에서 전시된 모습을 보여 준다.

(가) 프랑스 파리에서 전시　　(나) 1907년의 코르뉘 헬리콥터

[그림. 1] 프랑스 공학자의 폴 코르뉘(Paul Cornu)

출처: https://www.chosun.com/site/data/html_dir/2008/10/06/2008100600196.html
출처: J. Gordon Leishman,Engineering Analysis of the 1907 Cornu Helicopter, Journal of the American Helicopter Society, Vol. 54, No. 3, 2009.

[그림. 1]의 (나)는 1907년 프랑스의 코르뉘가 완성한 폴 코르뉘(Paul Cornu) 헬리콥터의 실제 사진으로 수십 초 동안 비행에 성공하였으며 아직도 프랑스 공학의 자부심으로 남아있다.

한편, 지금의 드론(Drone)에 사용되는 동축반전 프로펠러 헬기(Coaxial Rotor Helicopter)도 1816년에 만들어졌으니 드론(Drone)의 기본 기술들에는 오랜시간 많은 연구자들의 연구결과를 지니고 있다고 볼 수 있다.

한편, 영국의 더글러스 아치볼드(Douglas Archibald)의 에디연(Eddy Kite)을 완성하여 최초의 항공사진을 촬영하는데 성공하였다. 그리고 1984년 미국의 물리학자/공학자 니콜라 테슬라(Nikola Tesla)가 무선을 이용한 에너지 통신에 관한 개념을 정립하였고, 1896년 미국의 윌리엄 압너 에디(William Abner Eddy)의 다이아몬드형(Diamond Type) 대형연(Kite)으로 드론의 역사는 이어지게 된다[그림. 2].

[그림. 2] 윌리엄 압너 에디의 다이아몬드형 대형연
출처: http://best-breezes.squarespace.com/william-abner-eddy/

1.2. 드론 용어의 시대적 변화

미국에서는 제2차 세계 대전(第二次 世界 大戰: World War II))부터 처음으로 드론(Drone)이라는 용어가 사용되었다. 최초에는 무인 표적기 형태로 개발되어 정찰용으로 발전하였는데 최근에 무인기를 통칭하는 용어로 미국에서 다시 사용 중이며, 현재 대한민국에서는 멀티콥터(Multi-copter)를 칭하는 용어로 인식되고 있다.

1980년대에는 지상에서 무선 통신으로 비행체를 실시간에 원격조종 비행하여 경로 등을 변경할 수 있는 비행체를 의미하는 원격 조종 항공기(RPV: Remotedly Piloted Vehicle)라는 용어가 사용되었으며 우리나라 군에서는 원격으로 조종되는 항공기라는 의미로 사용되었다.

1990년대에는 데이터 링크(Data Link) 기술의 발달로 영상까지 UAV는 실시간에 전송받을 수 있는 무인기의 조종자와 탑재하는 장비와 영상수집 카메라 장비를 운용하는 감지 운용관이 동시에 편성되는 UAV(Unmanned Aerial Vehicle, 무인 항공기)로 사용되었는데, UAV는 실시간 비행체 및 임무 지역 상황을 지상과 함상 통제소에서 원격으로 모니터링(Monitoring)하며 운용하는 무인항공기를 의미한다.

2000년대에 무인 항공기가 민간공역에 진입하게 되면서 비행장치가 아닌 항공기로서의 안전성과 신뢰성을 확보해야 하는 항공기임을 강조하는 용어로 UAS(Unmanned Aircraft System, 무인항공체계), RPAV(Remotedly Piloted Aerial Vehicle), RPAS (Remotedly Piloted Aircraft System)으로 사용하기도 하였으며, 무인 항공기와 이를 통제하거나 지원하는 시스템을 망라하는 의미를 갖추게 되었다.

1.3. 드론의 형태와 분류

드론은 형태별로 고정익기(固定翼機: Fixed Wing Aircraft), 회전익기(回轉翼機: Rotary Wing Aircraft), 동축반전(同軸反轉: Co-axial Aircraft), 가변로터(Tilt-Roter), 멀티콥터(Multi-copter) 등으로

분류할 수 있다.

고정익기(固定翼機: Fixed Wing Aircraft)는 일반적인 비행기 형태의 고정날개 형태로, 연료 소모가 상대적으로 적고 장시간 체공이 가능하다. 반면, 활주로나 넓은 개활지가 필요하다는 단점이 있다. 그리고 이착륙 시 바람의 영향을 많이 받고 정지 비행이 불가하여 저고도에서의 표적을 지속적으로 추적하기가 어렵다.

회전익기(回轉翼機: Rotary Wing Aircraft)는 헬리콥터 형태로, 수직 이착륙 및 좁은 공간에서 이착륙이 가능하다는 장점을 갖고 있어서 산악지형이나 함상에서 운용하는데 용이하다. 공중에서 정지 비행이 가능하고 고정익기(固定翼機: Fixed Wing Aircraft)에 비해서 상대적으로 급격한 방향전환이 쉽다. 그러나 연료 효율이 낮아서 장시간 체공이 제한적이고 상대적으로 단거리 임무에 적합하다.

동축반전형(同軸反轉: Co-axial Type)은 한 축에 상부, 하부 두 개의 로터를 반대 방향으로 회전시켜서 반토크 현상을 상쇄하는 원리로 동력을 유지하며, 탑재 용량이 크고 연료량을 늘려서 체공 시간을 늘리기에 용이하여 저속으로 장시간 정찰비행에 유리하다. 그러나 이중 로터로 인하여 추가 양력이 발생하여 고속비행까지 진입시간이 소요된다.

가변로터형(Tilt-Rotor Type)은 로터(Rotor)와 프로펠러(Propeller)가 가변형으로, 이 착륙 시에는 로터(Rotor)로 수직 양력을 발생시켜 수직 이륙을 하고, 비행 시에는 고정익(固定翼 Fixed Wing) 형태로 비행을 한다. 즉, 회전익(回轉翼: Rotary Wing)의 수직 이착륙(垂直

離着陸: Vertical Landing)과 고정익(固定翼: Fixed Wing)의 고속 비행이 가능하다는 장점을 갖고 있다. 그러나 비행체 구조가 복잡하여 안전성 및 신뢰성 확보가 어렵고, 로터(Rotor)와 프로펠러(Propeller) 형태로 바람의 변화에 취약하다는 단점이 있다.

멀티콥터(Multi-copter)는 3개 이상의 로터(Rotor)를 탑재한 비행체를 의미하며, 인명구조, 항공촬영, 재난 안전, 농업용, 택배 등 다양한 용도로 활용되고 있다. 다음부터 서술되는 드론(Drone)은 멀티콥터(Multi-copter)를 의미 한다.

1.4. 드론의 구성

드론(Drone)은 [그림. 3]처럼 크게 통신부(Communication Module), 구동부(Propulsion Module), 제어부(Control Module), 페이로드(Payload)로 구성하며, 핵심부품으로 배터리(Battery), 모터(Motor), 프로펠러(Propeller), FCU(Flight Controal Unit), 전자속도제어장치(ESC: Electronic Speed Control), 센서(Sensor)가 있다. 드론(Drone)의 작동원리는 센서(Sensor)로부터 입력되는 정보를 처리하여 움직임을 제어하게 되고, 컴퓨터의 CPU와 같은 역할을 하는 제어장치 FCU는 전원, 통신, 모터, 좌표, 데이터 등 많은 입력값을 비교 분석해서 각각의 유닛을 제어하고 구동되도록 한다.

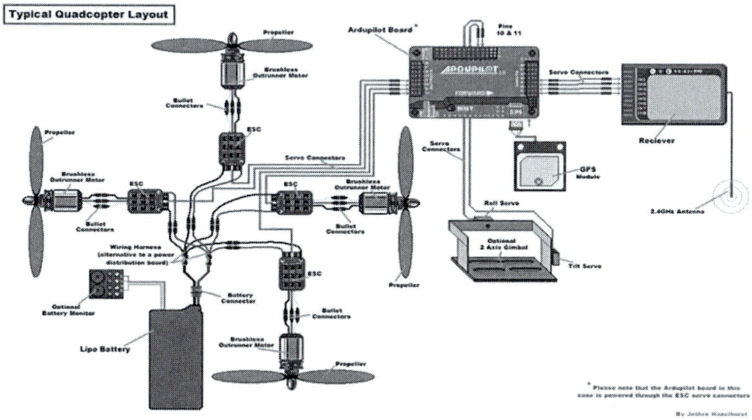

[그림. 3] 드론의 구성

출처: https://www.arducopter.co.uk/

① 프레임(Frame)

프레임은 드론(Drone)의 모터 개수와 대각선 길이에 따라 종류가 구별되며, 드론의 길이에 따라 대략적으로 120mm 이하, 150~160mm, 180mm, 210mm, 250mm, 330~350mm, 450~500mm, 600mm 이상으로 분류된다.

위 수치와 같이 프레임의 크기는 450mm, 250mm, 210mm, 180mm 등의 수치로 분류할 수 있는데 서로 대각선상에 있는 두 개 모터 축 간의 거리를 수치로 나타낸 값들이고 숫자가 클수록 큰 프레임을 의미한다.

드론의 프레임은 크기에 따라 모터(Motor)와 프로펠러(Propeller)의 회전 방향을 정확하게 설정하여야 드론을 원하는 방향으로 조정할 수 있으므로 방향을 확인해야 하는데, 프레임(Frame)의 크기에 따라 장착할 수 있는 프로펠러의 크기가 다르므로 프레임 규격을 확인하여 적합한 크기의 프로펠러를 장착해야 한다. 드론의 프레임은 그 용도에 따라 다르지만 가장 많이 사용되는 형태는 쿼드 x(Quad x) (입문자용, 드론레이싱, 프리스타일, 완구용 등), 헥사 x(Hexa x) (전문영상, 방송촬영, 구조활동, 농업 등 업무용)으로 분류할 수 있다.

프레임은 충격에 강하면서 배터리 소모를 최소화하기 위하여 가볍고 튼튼할수록 좋으며, 단단할수록 모터와 프로펠러(Propeller)가 만든 양력의 방향이 변하지 않기 때문에 좋지만 반면에, 모터(Motor)나 프로펠러(Propeller)에서 발생하는 진동이 흡수되지 않고 기체에 영향을 미칠 수 있다.

프레임 재질은 주로 탄소섬유(Carbon Fiber)나 플라스틱(Plastic), 대형 드론의 경우 알루미늄(Aluminum) 등 금속 프레임(Metal Frame)도 있으며, 또한 3D 프린터(3D Print)나 나무 등을 직접 가공하여 프레임(Frame)을 제작할 수도 있다.

플라스틱(Plastic) 재질은 용도에 맞게 무게와 강도를 선택할 수 있으며 대량생산에 적합하므로 완구 드론과 촬영용 드론에서 많이 사용한다. 그러나 플라스틱은 금형을 만드는 데에 상당히 큰 비용이 들기 때문에 여러 모델을 생산할 필요가 있으면 적합하지 않다. 최근에는 소재 기술개발로 금속과 비슷한 경도의 플라스틱(Plastic)이 개발되고 활용되고 있어서 앞으로 많이 사용될 것으로 전망된다.

알루미늄(Aluminium) 재질은 저렴한 가격과 편리한 가공성으로 초창기에는 중대형 기체를 제작하는 데 많이 사용되었다. 그러나, 알루미늄(Aluminium)은 피로 한계점이 낮다는 단점이 있는데, 충격을 받거나 피로가 쌓이면 쉽게 균열이 생기거나 부러지는 특성이 있다.

카본(Carbon) 재질은 탄소섬유 소재로 부식되지 않으며 충격흡수력이 좋은 장점이 있다. 금속보다 가볍고 무게당 강성이 높아 비행기, 자동차 등의 특수소재로 널리 사용되는 반면에, 가공이 쉽지 않고 충격으로 접착 면에 이격이 발생할 수도 있고, 전도체이기 때문에 부품의 절연과 전파차단을 막기 위해서 안테나의 위치와 방향에 신경 써야한다.

② 비행 제어장치(Flight Controller, FC)

비행 제어에는 제어 명령과 센서로부터 측정한 드론 기체 상태 값이 필요하다. 기체의 현재 상태가 제어 명령을 따라가도록 제어를 수행하게 되는데, 센서의 측정치 값이 필요하며 심각한 센서의 오차가 발생할 때 드론이 추락할 가능성이 있다.

비행 제어장치(Flight Controller, FC)는 [그림. 4]와 같고, 드론 조종사의 조종 명령이 없어도 지속적으로 비행의 안정성 확보를 할 수 있도록 제어 명령을 생성하고 조종을 수행한다.

한편, 무인 멀티콥터(Unmanned Multi-Copter)는 비행 제어장치(Flight Controller, FC)의 도움 없이 조종만으로 비행의 안정성 확보가 어렵기에 비행의 안정성을 확보하기 위해서 제어가 필수적이고 비행 제어장치(Flight Controller, FC)에 대한 의존도가 높다.

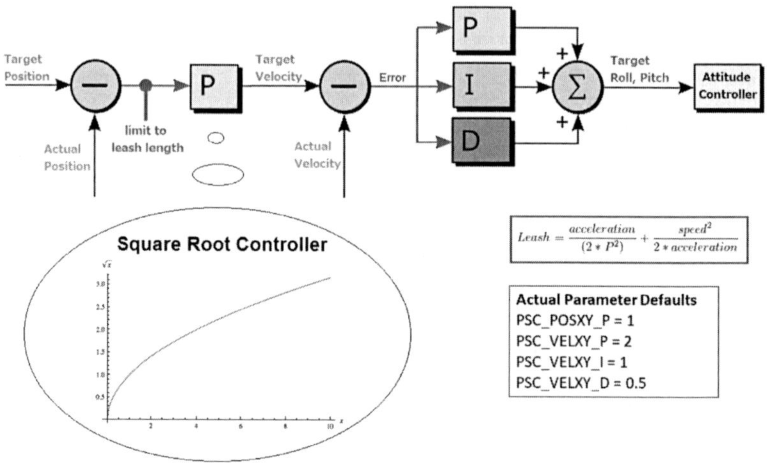

[그림. 4] 비행 제어장치 (FC)

출처: https://ardupilot.org/

③ 프로펠러(Propeller)

프로펠러(Propeller)는 드론이 날 수 있도록 하는 역할을 하는 중요한 부품이다. 프로펠러(Propeller)의 규격은 (직경) x (피치)로 구하는데, 직경은 프로펄러(Propeller)가 만드는 회전면의 지름을 의미하고, 피치는 프로펠러가 한 바퀴 회전하였을 때 앞으로 나아가는 기하학적 거리를 의미한다. 이는 동일한 회전수에서 직경과 피치가 클수록 추력을 향상한다는 것을 뜻한다. [그림. 5]와 같이 일반적으로 저속비행을 하는 경우, 저 피치 프로펠러(Propeller)가 효율이 높고, 고속비행을 하는 경우에는 고 피치 프로펠러(Propeller)가 효율이 높다. 그러나 예를 들어 드론 방제의 경우 저속비행을 위해 프롭(Prop)이 길고 판판한 저 피치 프로펠러를 사용하는 경우가 많은데, 이로 인해 비행시간이 길어져서 효율성은 향상되는 반면에 추력은 줄어들어 토크를 많이 필요하게 된다.

또한, 이착륙시 피치(Pitch)를 작게 하고, 순항 시 피치(Pitch)를 크게 하는 가변피치프로펠러(Variable Pitch Propeller)를 사용하여 넓은 속도영역에서 프로펠러(Propeller)의 효율 향상이 가능하다.

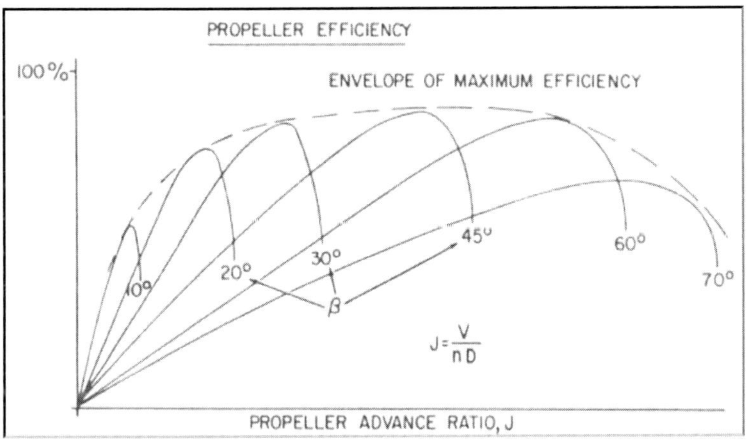

[그림. 5] 프로펠러 효율성

출처: http://www.epi-eng.com

드론은 프로펠러(로터: Rotor)의 숫자에 따라 X자 형태를 기본 형태로 트리콥터(Tricopter), 쿼드콥터(Quadcopter), 헥사콥터(Hexacopter), 옥타콥터(Octocopte) 등으로 분류한다. 일반적으로 볼 수 있는 형태는 프로펠러가 4개인 쿼드콥터 드론(Quadcopter Drone)이며, 로터(Rotor)가 많으면 강한 회전력을 낼 수 있지만, 배터리 소모가 많아서 비행시간이 짧아진다.

드론은 로터개수에 따라 구분되며 로터가 3개이면 트라이콥터(Tricopter), 4개는 쿼드콥더(Quadcopter), 6개는 헥사콥더(Hexacopter), 8개는 옥토콥더(Octocopter)로 분류된다.

트라이콥터(Tricopter)는 전방 2개, 후방 1개, 총 3개의 로터로 구성되며 전방 2개의 로터 간격이 넓어 헬기의 형태와 비슷해 기동성은 좋으나 제어가 복잡하며 적은 로터 수로 인해 안정성이 다소 떨어진다.

쿼드콥터(Quadcopter)는 4개의 로터로 구성되어 있으며 필요한 부품 수가 가장 적고 설계가 단순해 가장 많이 쓰이는 형태이며, 로터의 개수가 많은 헥사콥터나 옥토콥터보다 기체 방향을 인지하기도 상대적으로 용이하다.

헥사콥터(Hexacopter)는 6개의 로터로 구성되며 페이로드(유효탑재량)가 증가하여 더욱 크고 무거운 장비를 장착할 수 있으며 쿼드형태에 비해 비행의 안전성이 높고, 한 개의 로터가 정지해도 추락하지 않고 착륙이 가능하다.

옥터콥터(Octocoptor)는 8개의 로터로 바람에 대한 저항성이 강하고, 2개의 로터가 정지해도 추락하지 않고 착륙이 가능하며, 단 로터의 간격이 좁고 촘촘해 장비를 부착할 때 세심함이 요구된다.

프로펠러는 각 프로펠러 간 회전하는 상대적인 속도의 차이에 의해서 드론의 이동 방향을 결정한다. 시계방향(Clockwise) 푸셔 프로펠러(Pusher Propeller)와 시계 반대 방향(Counter Clockwise) 트랙터 프로펠러(Tractor Propeller)로 전진, 후진, 오른쪽/왼쪽 이동,

오른쪽/왼쪽 회전, 상승, 하강으로 드론이 이동하게 된다.

프로펠러(Propeller)는 기온이 낮고 습도가 높은 경우 주로 앞에서 결빙이 발생하는데, 공기 흐름의 분리가 발생하여 기체를 불안정하게 하는 원인이 되므로 주기적으로 프로펠러(Propeller)의 결빙을 살펴볼 필요가 있다.

④ 모터(Motor)

모터는 드론의 속도와 정밀조정을 가능하게 하는 부품으로, 배터리에서 전원을 공급받아 프로펠러를 회전하는 데 사용한다. 모터는 브러쉬 DC모터(Brushed DC Motor)와 DC모티에서 브러쉬 제거한 브러쉬리스 DC모터(Brushless DC Motor)중에서 드론에는 보터 발열과 수명 단축 원인인 브러쉬를 없앤 브리쉬리스 DC모터를 사용한다.

브러쉬 DC모터는 [그림. 6]과 같이 영구자석과 모터 권선의 전자기력을 이용하여 회전력을 발생시키며, 브러쉬와 정류자를 이용하여 전자석의 극성을 변경하게 되는데 브러쉬와 정류자의 기계식 접점으로 인해 발열과 소음 발생과 효율이 낮고 브러쉬 마모로 수명의 한계가 존재한다.

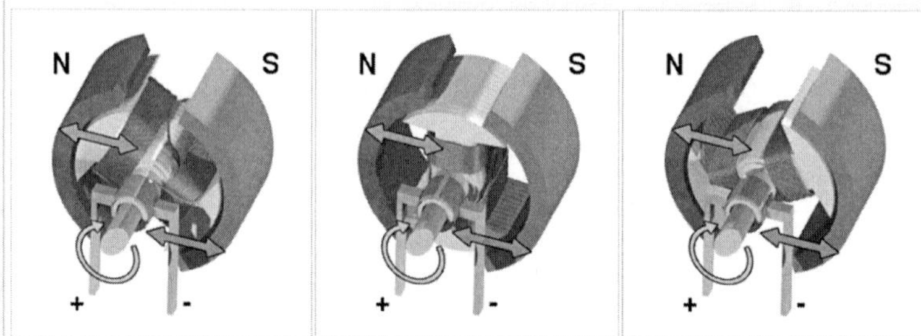

[그림. 6] 브러쉬 DC모터
출처: https://en.wikipedia.org/wiki/Brushed_DC_electric_motor

한편, 브러쉬리스 DC모터는 영구자석과 모터 권선의 전자기력을 이용하여 회전하며, 회전수를 제어하기 위해 전자속도제어장치(ESC)가 필요하다.

또한, 브러쉬 DC모터[그림. 7]에 비하여 수명과 내구성이 우수하고, 모터에 인가되는 전류가 클수록 강한 토크를 발생시킨다.

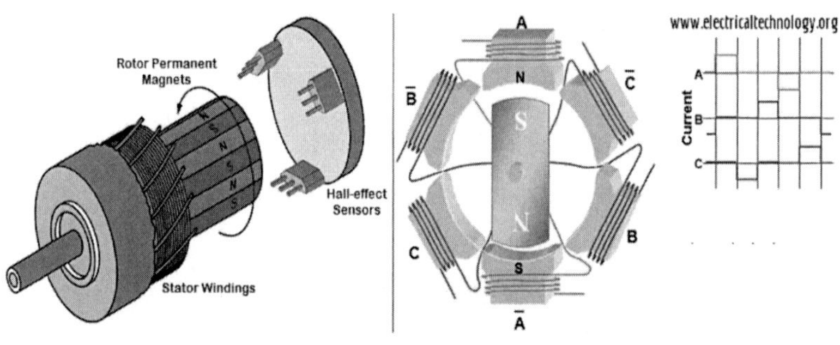

[그림. 7] 브러쉬 DC모터
출처: https://www.electricaltechnology.org/

모터는 토크를 내기 위해서 배터리로부터 전류를 사용하는데, 모터에 부하가 걸리면 모터의 회전수는 감소하는 반면 토크는 증가하고 소모전류가 증가하게 되어 발열 현상이 발생한다.

모터에 과부하가 걸리면 모터의 과열뿐만 아니라 전자속도제어기와 배터리에도 나쁜 영향을 미치게 되므로 항상 드론의 비행 후에는 모터와 전자속도제어기의 온도확인 및 부하, 과열을 확인하는 것을 권장한다.

⑤ 전자속도제어장치(ESC)

드론은 조종기를 통해 사람이 보낸 신호를 FCU에서 수학적인 계산을 하여 그 결과를 모터로 보내게 한다. 하지만 모터에서는 FCU에서 받는 명령을 섬세하게 처리할 수 없어서 중간에서 모터의 회전속도, 균형 등 조절해주는 부품이 전자속도제어장치(ESC)이다.

전자속도제어장치는 [그림. 8]과 같이 일반적으로 3상 전기를 이용하여 브러쉬리스 DC모터의 회전수를 제어한다. 비행 제어 컴퓨터로부터 신호를 받아 회전수를 제어하고, 측정한 회전자의 위치에 따라 전자기력 형태를 변화시켜 회전수를 제어한다.

전자속도제어장치는 신호잡음이 발생할 수 있으므로 통신 및 전자장비 등에 영향이 적은 위치에 장착한다.

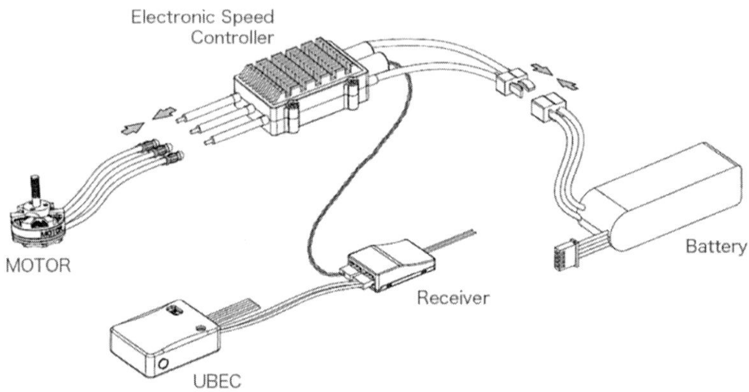

[그림. 8] 전자속도제어장치(ESC)

출처: https://robu.in/product/t-motor-flame-70a-6s-esc

전자속도제어장치 [그림. 9]는 정밀한 자세 제어를 위한 모터 회전수 제어성능이 중요하다. 비행의 안전성 확보와 정밀한 자세 제어를 위해서 비행 제어 모듈로부터 200Hz 이상의 빠른 주기의 제어 입력 인가를 해야하며, 호버링 기동에서도 빠른 주기의 회전수를 제어해야 하고, 또한 일관된 특성의 회전수를 제어하는 성능이 필요하다.

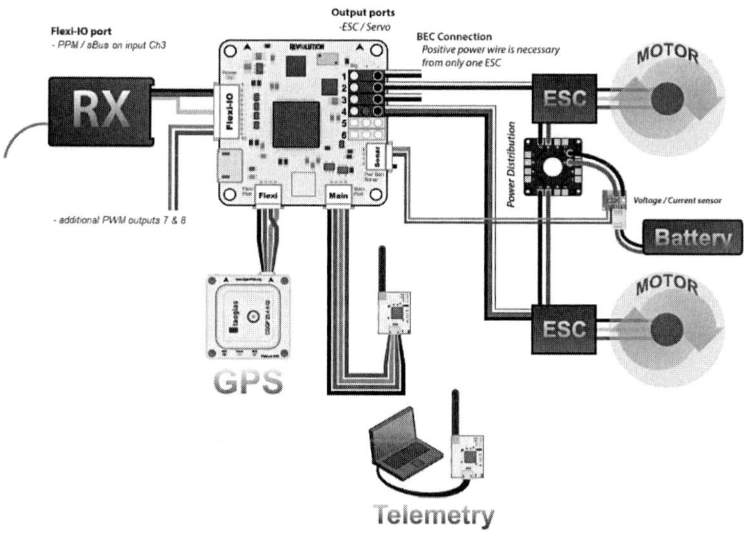

[그림. 9] 전자속도제어장치 제어

출처: https://ardupilot.org/rover/docs/common-openpilot-revo-mini.html

⑥ 배터리(Battery)

드론(Drone)을 움직이는 동력공급은 얼마나 오랫동안 비행할 수 있느냐는 배터리(Battery) 용량의 중요한 기준이 된다. 드론(Drone)은 알카라인 배터리(Battery)를 사용하지 않고, 리튬 폴리머(Li-Polymer) 배터리를 사용한다. 리튬 폴리머 배터리는 리튬이온(Li-Ion) 배터리보다 에너지 효율이 높고, 인체에 유해한 중금속 사용하지 않고 다양한 형태의 크기로 제작 가능하여 소형 드론(Drone)에 많이 사용된다.

단점은 저온에서 성능 저하, 과잉 충천시 스웰링 현상, 제조공정이 복잡하고 가격이 높다.

리튬폴리머 배터리 관리 주의사항은 아래와 같다.

<배터리 외형 손상 시 주의사항>
- 내부 손상이 있을 경우 시간이 경과 후 화재가 발생할 수 있으므로 폐기한다.
- 충전 및 비행을 통한 테스트 금지
- 다른 배터리들과 함께 보관 금지

<배터리 사용 중 전기적 단락 시 주의사항>
- 과방전으로 인해 충전기 인식이 안될 때 충전 금지
- 시간 경과 후 화재 발생 가능하므로 안전을 위해서 배터리 폐기
- 배터리 화재가 발생할 경우, 열 폭주 현상을 막기 위해서 신속한 냉각 필요

<배터리 충전 방전 횟수 증가에 따른 주의사항>
- 배터리 내부 저항 증가로 사용 시 전압강하 증가
- 배터리 내부 저항 증가로 방전율 저하
- 비행시간 단축에 대한 고려 필요

노트북, 디지털카메라, 캠코더 등에 사용되고 있는 리튬이온 배터리와 드론에 사용되고 있는 리튬폴리머 배터리와 동일한 종류가 많으며 특성을 비교한 내용은 <표. 1>과 같다.

〈표. 1〉 리튬이온 배터리–리튬폴리머 배티러 비교

구분	리튬이온 배터리 (Li–ion Battery)	리튬폴리머 배터리 (Li–Polymer)
형태		
음극	탄소	탄소
양극	LiCoCo2, LiNiO2, LiMn2O4 등 금속산화물	LiCoCo2, LiNiO2, LiMn2O4 등 금속산화물
전해질	액체	폴리머(고분자)
전압	3.7V	3.7V
에너지밀도	높음	높음
저온특성	좋음	보통
안정성	나쁨	좋음
셀디자인 특성	나쁨	매우 좋음

읽을거리

모터의 속도상수(kv)

드론에서 토크가 큰 모터가 필요할 때는 언제일까?

무거운 임무 장비를 장착하고 드론을 비행시켜야 할 때, 큰 프로펠러(Propeller)를 장착할 때, 드론에 장착되어 있는 모터가 돌려고 할 때 방해하는 힘 즉, 부하가 많이 걸릴 때와 프로펠러(Propeller)가 크고 무거울 때 일반적으로 토크가 큰 모터가 필요하다.

DC모터는 모터 상수 [그림. 10]를 통해서 토크와 속도를 알 수 있으며, 토크 상수(Torque Constant)는 kt, 속도상수(Velocity Constant)는 kv로 표현한다.

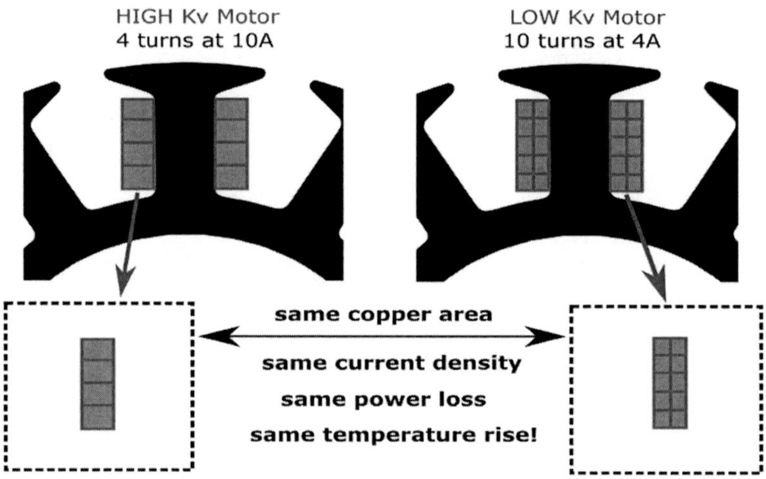

[그림. 10] 모터의 속도상수(kv)

출처: https://things-in-motion.blogspot.com/

토크는 속도상수(kv)와 반비례하는데, 속도상수(kv)는 무부하 상태에서 전압을 1볼트(v) 인가할 때 모터의 회전수로 정의한다. 예를 들어, 이론상으로 100kv 모터에 10볼트(v) 전압 인가 시 회전수는 1000RPM이 된다.

큰 프로펠러(Propeller)를 돌려야 할 때는 속도상수(kv)가 작을수록 동일한 전류로 큰 토크(Torque)를 발생시키며 큰 프로펠러를 돌릴 수 있으므로, 드론에 프로펠러(Propeller)를 장착할 때에는 토크(Torque)와 속도상수의 관계를 고려하여 적합하게 제작하는 것이 필요하다.

연습문제

1. 드론의 정의에 대하여 설명하시오.

2. 드론의 역사에 대하여 설명하시오.

3. 드론의 형태와 분류에 대하여 설명하시오.

4. 드론의 구성에 대하여 설명하시오.

02-기본내용:
드론 시장과 기술 동향

2.1. 드론 시장

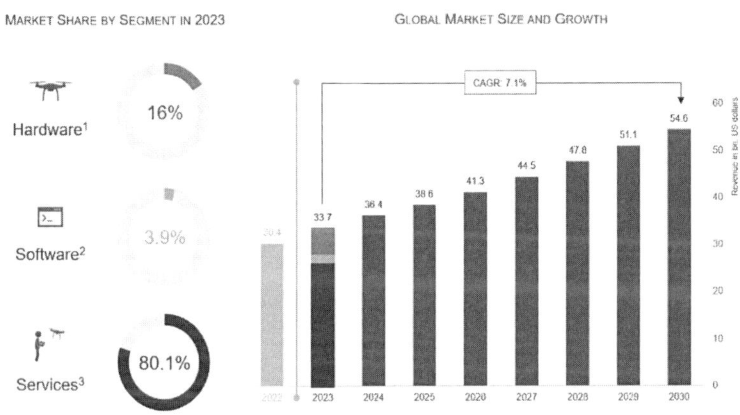

[그림. 11] 드론 시장규모

출처: Drone Industry Insights

드론 전문시장조사기관 DII(Drone Industry Insights)의 드론 시장 보고서(Drone Market Report)에 의하면, 드론 시장규모는 [그림. 11]과 같이 2020년 225억 달러에서 2030년에 545억 달러 규모로 연평균 7.1%로 성장할 것으로 전망되고 있다. 특히, 상업용 시장은 연평균 7.7%로 성장으로 시장을 견인하고, 반면에 민간용 시장은 연평균 -0.3%으로 예상된다.

드론(Drone)과 연관된 에너지 분야, 화물 분야, 택배 분야, 물류서비스 분야 등과 사진 촬영에 이어서 측량서비스 시장이 확대되면서 드론 하드웨어(Drone Hardware) 부문(플랫폼/구성요소/시스템제조)이 연평균 9.3%로 가장 빠르게 성장할 것이다.

드론 서비스(Drone Service)는 건설, 에너지, 농업, 통신, 보험 등 상용 임무 수행으로 활용이 변화되고 있으며, 특히 발전기, 석유, 가스, 등 에너지 부문의 안전진단 및 모니터링(Monitoring) 시장은 <표. 2>와 같이 2025년까지 연평균 40.6%로 성장할 것으로 전망되고 전력선, 해상플랫폼과 같은 구조물을 점검하는데도 점차 증가할 것으로 기대된다.

〈표. 2〉 드론 활용 분야별 상업용 시장규모 (단위 : 백만 달러)

구분	2019	2022	2025	CAGR(%)
건설	524.0	1,310.0	1,654.0	43.3
에너지	215.0	536.0	898.0	40.6
농업	427.0	892.0	1,363.0	25.7
통신	200.0	600.0	1,500.0	39.9
보험	115.7	466.0	688.0	43.7
촬영/부동산	239.2	332.0	410.0	20.0
총계	1,720.9	4,136.0	6,513.0	36.8

출처: 무인기 산업 국내외 현황조사 및 수요기반 발전방안 연구

한편, 상업용 드론 서비스는 DaaS(Drone as a Service)형태로 급속한 성장이 전망되고 있으며, DaaS는 비행계획 수립, 기체/센서/

카메라 선정, 항공관제 규정확인 및 등록, 조종/임무 수행, 데이터수집분석, 리포트 작성이 가능하며, 기체는 중국의 DJI사, 센서는 미국의 플리어(FLIR)사, 클라우드 서비스는 미국의 마이크로소프트(Microsoft)사 애저 클라우드 컴퓨팅 플랫폼(Azure Cloud Computing Platform), 자율비행/촬영/점검 등 임무 수행/데이터 분석/인사이트 등 개발이 진행 중이다.

드론은 활용범위가 점차 확대되면서 다양한 서비스의 상용화를 통한 서비스 시장이 성장하고 있으며, 주요서비스로는 농업, 재난안전, 택배 배송, 기상예측 등으로 구분할 수 있다.

① 농업 분야

드론을 농업 분야에 초기에 도입한 국가로는 중국으로, 중국의 최대 건설 및 농기계 장비 제조회사인 ZoomLion은 2012년 Z-Lion 시리를 출시하였고, X AIRCRAFT사가 X Planet 모델을 출시, DJI사가 농업용 MG-1을 출시하였다.

한편, 대한민국은 2014년부터 농업용 드론 시범사업을 시작으로 중국의 완제품을 도입하여 운용하였고, 일부 국내기업에서 기술을 개발하여 농업용 드론을 생산하고 있으나 주요 부품과 소프트웨어의 많은 부분은 아직 외국에 의존하고 있는 실정이다.

정밀농업에 드론이 본격적으로 사용하게 된 이유는 농작지와 농작물 위치를 3차원으로 재구성한 지도(Map) 작성이 가능해지면서 드론에 장착된 센서를 통해 드론이 측정한 시각 정보와 적외선

정보를 통해서 농작물의 수확량, 농작물의 식생지수 계산이 가능하게 되었다.

② 재난 안전 분야

대한민국의 경우 한 내 평균 실종자 수는 약 4만여 명으로, 치매노인과 아동, 지적장애인 등이 실종되는 비율이 높다.

드론은 열화상 카메라(Thermal Camera)를 장착하여 야간과 기상조건이 좋지 않은 상황에서도 운용할 수 있고, 사람이 직접 접근하기 어려운 장소도 수색 활동이 용이하여 실종자 수색에 이용이 증가하고 있고, 최근에는 와이파이(Wi-Fi) 통신 중계, 필요 시 의약품을 공수하는 등의 다양한 영역까지 확대되고 있다.

또한, 산불 진화에 활용되고 있는데, 산불을 조기에 탐지하고 산불 발생 시 산불의 진행 및 확산 정도를 예측하여 조기에 산불을 진압할 수 있도록 도와주는 역할에 기여하고 있다.

미국은 USFS(미국산림국)와 NASA가 다중센서 드론을 활용하여 조기에 산불을 예방하고 정보를 팀지하는데 활용하고 있으며, 우리나라는 119 산불진압현장에서 일부 운용되고 있다.

③ 택배배송 분야

드론은 택배에도 사용되고 있는데, 미국 아마존(Amazon)사는 프라임에어(Prime Air)라는 드론 택배를 진행 중이며 2.3kg 이하의 물품을 16km 반경 내에서 30분 이내 배송을 목표로 하고 있고, 중국의 인터넷상거래 포털기업인 알리바바(Alibaba) 가도 광저우, 상하이, 베이징 지역에서 배송 서비스를 진행 중이다.

대한민국은 CJ 대한통운과 현대 로지스틱스가 상용화 기술을 개발중이며, 우정사업본부도 2017년 11월 고흥 선착장에서 득량도까지 왕복 8km를 우편물을 배달하는 시험을 시행하였다.

④ 기상예측 분야

드론은 태풍 등 기상재난 상황을 예측하거나 공간정보와 연계하여 홍수 범람 같은 재난지도 제작, 홍수 통제를 위한 의사 결정을 지원하는 등의 기상예측에 활용되고 있다.

최근 이산화탄소에 의한 대기오염이 야기하는 지구온난화 현상은 전 세계적인 문제로 중국발 황사도 우리나라를 비롯한 인접 국가에 많은 문제를 야기하고 있는데 중국, 미국은 인공적으로 스모그를 제거하고 인공강우를 만드는 드론(Drone)을 이용한 연구를 진행 중인 것으로 알려져 있다.

2.2. 드론 기술 동향

4차 산업혁명 기술이 집약된 드론 기술 동향은 주요기술과 기술 발전 방향[1]을 살펴보고, 그에 따른 시장생태계를 서술한다.

1 2021년 국내외 드론산업 동향 분석보고서(대한민국 국토교통부, 한공안전기술원)와 NIPA 품목별 ICT시장동향(드론)을 토대로 작성함.

(1) 주요기술 동향

가. 비행 제어 시스템

비행 제어 시스템은 드론의 안전한 비행과 임무를 위한 비행 제어 기술이다. 그리고 비행 제어 시스템은 고신뢰성과 안정성을 확보할 수 있는 하드웨어 및 소프트웨어로 구성된다.

한편, 비행 제어 시스템의 시스템 온 칩(SoC: System on Chip)으로 소형화되고 고성능화 구현된다. 다양한 탑재장비와 센서, 데이터 링크 장비와의 인터페이스 기능 제공한다.

소형 드론의 비행 제어 장치로 [그림. 12]와 같이 미국의 3DR사의 APM과 Pixhawk, 중국의 DJI사의 NAZA, A3, 중국의 TAROT의 ZYX, 미국의 Openpilot의 CC3D등이 있다.

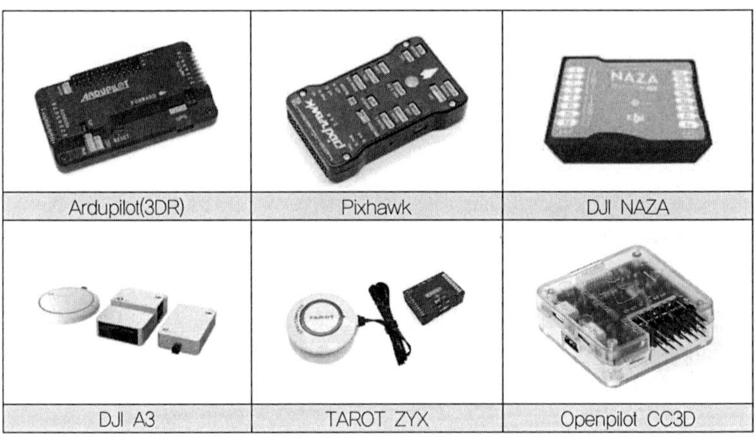

[그림. 12] 비행 제어 시스템
출처: 각 사의 웹사이트를 토대로 저자들이 재구성

나. 추진동력 기술

추진동력 기술은 드론의 사용 목적 및 환경 등에 최적화된 추진동력 체계 기술로서, 친환경, 고성능, 고효율 동력원 개발이 진행되고 있다. 추진동력 기술들에는 먼저 고고도 장기체공을 위한 태양전지, 수소연료 엔진 등 추진동력 기술이 있다. 둘째로 내연 기관, 태양 잔지, 연료전지 등을 조합한 하이브리드 동력 기술이 있다. 마지막으로 장시간 비행을 위한 고성능 배터리 기술이 있다. 한편, 소형 드론은 리튬폴리머 배터리와 BLDC 모터를 추진동력으로 주로 사용하며 전자속도제어장치(ESC)를 장착한다.

다. 탑재 장비 및 센서기술

드론은 다양한 탑재 장비와 센서를 통합한 집합체라 할 수 있다. 탑재 장비 기술들에는 먼저 관성항법2, 위성 항법, 영상 항법 등 항법 관련 센서의 소형 경량 기술이 있고, 둘째로 3차원 공간정보 획득 및 장애물 탐지용 소형 Lidar기술이 있고, 마지막으로 EO/IR, 멀티스펙트럼 카메라 등 탑재장비 기술이 있다. 한편, 센서기술들에는 각속도를 측정하는 자이로센서 (Gyroscope), 속도를 측정하는 가속도센서(Accelerometer), 방위를 측정하는 지자기센서(Magnetometer), 고도를 측정하는 기압센서(Barometor)등의 센서를 장착한다.

---

2 항법 : 항법이란 항공기가 자신의 위치를 알아내는 것을 말한다. 대표적인 항법시스템으로는 관성, 위성, 영상기반, 지형 참조, 데이터베이스 항법시스템이 있다. SLAM(Simultaneous Localization and Mapping)은 주변 환경 지도를 작성하는 동시에 차량의 위치를 작성된 지도안에서 인식하는 기법이다

라. 자율비행 및 충돌회피 기술

자율비행 및 충돌회피 기술은 드론이 지정한 목적지까지 비행하는 동안 다른 물체를 탐지하고 회피하는 기술이다. 이 기술들에는 먼저 3차원 지도 기반의 운행 경로에 따라 자율비행하는 기술이 있다. 두번째로는 주변 상황인식 센서와 비행제어 소프트웨어의 장애물 충돌회피 기술이 있다. 세번째로는 유인기의 조종사 역할을 대신할 수 있는 비협조적 충돌회피 기술이 있다. 마지막으로는 기체 고장 및 비행환경 변화에 스스로 안전하게 대처하는 기술이 있다.

자율비행 및 충돌회피 기술[그림. 13]은 드론 선진국에서도 아직 완성화지 못한 기술로서, 드론뿐만 아니라 자율주행차와 같은 무인 이동체를 구현하기 위해서도 필수적인 공통 기술이다.

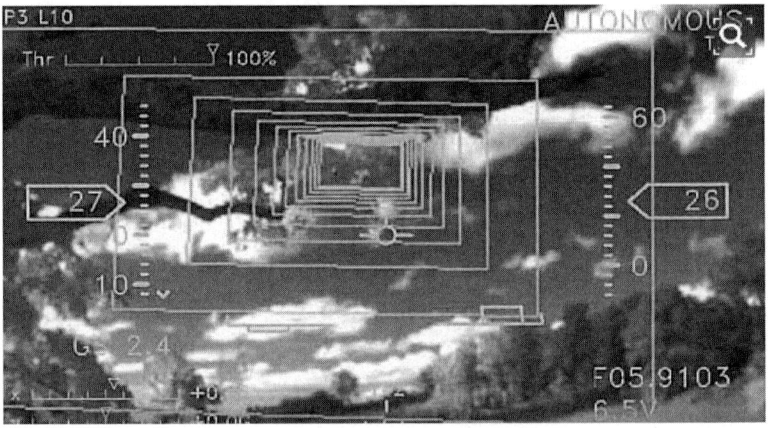

[그림. 13] 자율비행 및 충돌회피 기술
출처: 미국 MIT /CSAIL

마. 데이터링크 기술

드론의 데이터링크 기술 [그림. 14]은 제어 데이터와 정보 데이터를 송수신하기 위한 무선통신 기술이다. 데이터링크 기술에는 먼저 비행 및 임무제어 데이터, 임무정보 데이터 등을 송수신하기 위한 양방향 통신기술이 있다. 둘째로 유효성, 신뢰성, 통합성을 보장할 수 있는 소형경량 통신시스템기술이 있다. 마지막으로 무선 주파수(Radio Frequency, RF)[3], LTE 등 무선통신 적용 기술이 있다.

향후 드론(Drone)을 국가공역 내에서 운행할 수 있도록 데이터링크기술의 고신뢰성 확보방안과 표준화 연구가 진행되고 있다.

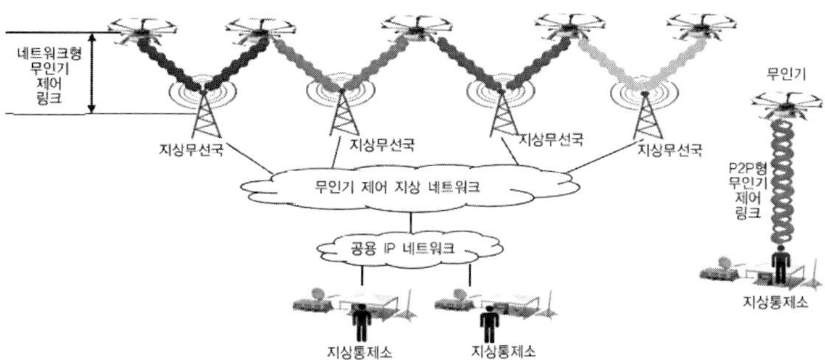

[그림. 14] 데이터링크 기술
출처: 무인기 제어용 네트워크의 보안기술동향(전자통신동향분석 제32권 제1호 2017년 2월)

3 ISM 대역(Industrial, Scientific and Medical band)는 산업, 과학, 의료용 기기에 사용하기 위해 지정된 주파수대역으로 ISM대역을 통신 주파수 대역으로 사용하여, 허가가 불필요한 소출력 무선기기들이 많이 사용된다. 우리나라 드론은 대부분 2.4-2.48 GHz, 5.725-5.875GHz 대역을 사용한다.

(2) 기술발전방향

가. 체공시간(Endurance)

소형 드론(Drone)의 경우, 응용분야가 많아짐에 따라 운용시간을 충분히 확보하기 위한 체공 시간 향상이 필수 기술이며, 성층권에서 주로 운용되는 장기체공 무인기는 고고도 환경에서 장시간의 체공이 요구되기 때문에 관련 기술 개발이 필요한 상황이다.

멀티콥터형(Multicopter Type) 소형 드론(Small Drone)의 체공시간은 이륙중량 별로 차이가 크고 동일 기종일지라도 탑재되는 임무중량에 따라 체공시간의 차이가 큰 편으로 현 시점에서 높은 체공시간을 가지는 기종은 미국의 Aeryon사의 Sky Ranger(50분)이나 임무중량을 고려하면 초소형 드론(Microdrone)의 MD4-1000이 90분 정도의 체공시간을 갖고 있다.

현재 대부분 상용 소형 드론(Small Drone) 업체에서 제시하는 체공시간은 무풍조건에서 낮은 임무중량 상태에서 측정한 결과로 실제 활용 시에는 대부분의 소형 드론(Small Drone)이 20~30분 정도의 체공시간을 가질 것으로 예측된다.

소형 드론(Small Drone)의 체공시간 향상은 꾸준히 요구되는 항목으로 관련 기술 개발이 활발히 진행될 것으로 예상하고 있고, 관련 기술로는 배터리 성능 향상, 전기모터 효율향상, 프로펠러 효율향상, 기체 중량 경량화, 하이브리드 추진시스템(Hybrid Propulsion System) 적용 등이 있으며 단일 기술이 아닌 복합적인 적용을 통한 체공시간 향상이 필요하다.

나. 탐지 및 회피(Sence & Avoid)

탐지 및 인식 기술은 무인이동체의 센서를 통해 외부 환경의 다양한 데이터(Data)를 얻고, 획득한 데이터(Data)를 무인이동체에서 사용하기 알맞도록 가공하여 무인이동체 자신과 외부 환경을 인식하는 기술이다. 무인이동체의 내·외부의 물리량을 탐지하는 센서 장비 기술과 탐지된 신호를 가공해 주변 환경 및 사물을 인식하는 기술로 구성된다.

장애물의 위치를 추적하기 위해서는 무인이동체에 탑재된 거리 센서를 활용하거나 혹은 무인이동체간의 통신을 통한 위치정보교환을 통해 무인이동체 주변의 다른 이동체와의 탐지 및 회피를 수행한다. 무인기의 활용도를 높이기 위해서는 유인항공기와 동등한 수준의 충돌회피 성능이 요구되므로 전 세계에서 탐지 및 회피(Sense & Avoid)를 주요 이슈로 분류하여 활발한 연구개발을 수행 중이다.

무인기에서 탐지 및 회피를 위한 장비로는 공중충돌방지장치(Traffic Control Avoidance System, TCAS), ADS-B와 같이 트랜스폰더를 이용하여 상대 항공기와 데이터를 주고받는 협업센서(Cooperative Sensor)와 레이다(Radar), 영상센서(Image Sensor)와 같이 측정으로 정보(Information)를 얻는 비협업센서(Non-cooperative Sensor)로 분류된다.

스트레오비전 센서(Stereo Vision Sensor)는 두 개의 카메라 센서

(Camera Sensor)로 촬영한 두 영상 사이에 존재하는 동일한 특징점이 화면상 변위차를 이용하여 스테레오 정합(Stereo Matching) 과정을 통해 거리 측정을 수행하는 기술로, 스테레오 영상 정합(Stereo Image Matching) 과정에서 정합함수(Matching Function)의 오차를 최소화하기 위해서는 많은 연산이 필요하기 때문에 효율적인 알고리즘(Algorithm)과 고성능 프로세서가 필요하며, 단일색상 면과 같은 특징점을 파악하기 어려운 텍스처(Texture)에서는 거리 측정이 어렵다는 단점이 있다.

구조광 센서(Structured Light Sensor)는 주변 조명과 구분되고, 알려진 패턴을 가진 빛을 표적물체에 조사한 후 반사광의 변형을 분석하여 거리를 측정한다. 스테레오 비전(Stereo Vision)에 비하여 특징점에 대한 거리 계산이 적은 장점이 있지만, 반사면과 반투명 표면 등에서는 이중 반사 현상으로 인해 거리 측정 오차가 발생하는 단점이 있다.

라이다 센서(LiDAR Sensor)는 250mm~11μm 파장 대역의 레이저 광원을 이용하여 방출한 레이저펄스신호의 반사시간 또는 반사신호의 위상변화량 측정을 통해 거리를 측정한다.

라이다(LiDAR: Light Detection and Ranging) 시스템의 화각(FoV: Field of View) 및 화각(FoV)의 오버랩 특성, 레이저 출력, 광학계 성능에 따라 측정 범위가 결정되고, 샘플링레이트에 따라 탐지 범위가 결정된다.

스캐닝 방식의 라이다의 경우, 수평방향으로는 360도 이상의 스캐닝 각도를 갖는 반면, 수직방향으로 제한된 스캐닝 범위를 갖고 있으며, 반도체 방식의 라이다는 스캐닝 라이다와 달리 구동부 없이 광학페이즈 어레이(Optical Phase Array, OPA)를 활용하여 광펄스 위치 조정이 가능하며 소형화가 가능하다.

레이더 센서(Radar Sensor)는 10GHz~100GHz 주파수 대역의 전자파를 송신하고 표적으로부터 반사 및 산란된 신호의 왕복시간을 바탕으로 거리를 측정하고, 안테나의 지향특성을 통해 표적물체와의 방위각을 측정한다. 그리고 레이더 센서(Radar Sensor)는 레이저, 적외선, 가시광선 등의 광센서 기반의 거리센서에 비해 안개, 눈, 비와 같은 기후변화에 대응이 강한 장점이 있지만 거리 검출 및 검출속도를 높이기 위해 높은 신호처리 성능이 요구된다.

현재 UWB(Ultra-Wide Band) 레이더는 헬스케어에 주로 활용되고 있으며, 무인비행체 분야에서는 기술적인 미성숙으로 FMCW(Frequency Modulation Continuous Wave) 레이더를 주로 개발하고 있다. 다만 UWB 레이더는 기술적인 문제 뿐만 아니라 규제 문제로 인하여 드론에 적용하기 어려움이 있다.

초음파 센서(Ultrasonic Sensor)는 20kHz 이상의 비가청 주파수 대역의 음파 펄스를 방사하고 음파가 물체에 도달 후 반사되는 반향파의 시간차를 이용하여 거리를 측정한다. 그리고 초음파 센서(Ultrasonic Sensor)는 광학 및 전자 거리센서에 비해 감지거리가 짧지만, 표적물체의 색상 및 투명도, 표면의 재질과 관계없이 거리 측정이 가능하며 영상 및 전파장비 사용이 어려운 수중환경에서 활용

가치가 높다.

다. 통신(Communication)

무인기와 관제센터 간, 무인기 간, 유·무인기 간 정보교환을 신속하고 안전하게 수행하기 위해 필요한 기술로 지상·위성 제어용 통신, 무인기 간 V2V 통신, S/W 보안 프로토콜 설계 등이 포함된다. 모든 통신 연결에는 주파수 할당이 요구되는데, 디지털 및 아날로그 데이터 연결에서 간섭을 줄이기 위해서 효율적인 주파수 배분과 관리가 필요하다.

무인이동체와 지상통제시스템은 무인이동체 조종자가 지상통제시스템을 이용하여 무인이동체에 제어신호를 전송하고 무인이동체로부터 상태, 위치 및 임무 데이터 등을 지상통제시스템으로 전송받는 것을 포함하는 정보 교환한다.

무인이동체와 통신 인프라는 유/무선 망, 셀룰러 망, 위성통신망 등과 같은 통신 인프라를 활용하여 전파비가시권 환경에서 무인이동체와 지상통제시스템 사이에 이루어지는 정보 교환한다.

무인이동체와 무인이동체는 무인이동체에 탑재된 통신 디바이스들 간 직접 정보를 교환하는 D2D(Device to Device) 기술을 기반으로 지상통제시스템을 거치지 않고 복수의 무인이동체로 구성된 네트워크를 통해 이루어지는 정보 교환을 한다.

안전한 항공 운항을 위해 항공 교통 통제의 기둥역할을 하는 통신의 유효성, 신뢰성, 통합성이 필수적인데, FAA는 한계에 달한 공중-

지상 무선 통신 인프라 개선을 위해 광통신을 이용한 지상 통신망 구축 등을 계획 중이다. 그리고 상업용 위성 서비스 제공업체들은 군사 및 민간 부분의 상업용 무인기 이용자들의 통신 능력 향상을 위해 투자를 진행 중이다.

한편, 세계전파통신회의 등 표준화 단체에서 무인이동체 관련 주파수 할당 논의가 진행되고 있으며, 무인이동체 주파수 추가 분배 필요성이 논의되고 있다.

2012년 세계전파통신회의(WRC-12)에서 5.050~5.091MHz를 무인항공기 지상 제어 전용으로 국제 분배되었고, 기존 업무에 유해 간섭을 야기하지 않는 범위 내에서 제어용으로 960~1,164MHz를 활용하고 있다.

2015년 세계전파통신회의에서 위성 활용 비가시 영역 무인항공기 제어를 위한 주파수를 국제적으로 분배함. 미국 항공무선기술 표준화기구(TRCA)는 960 ~ 1,164MHz 중 일부를 무인항공기 지상 제어용으로 추가 공급하기 위한 연구와 무인이동체 제어용 통신 링크 표준 개발을 진행 중이다.

라. 군집(Swarm) 무인이동

군집(Swarm) 지능은 무리를 이루어 일련의 작업을 수행하는 것으로 다 드론의 행위를 네트워크를 통해 인지하고 상호 협력하여 시스템으로서 지능이 발휘되는 개념을 의미한다.

다수의 드론이 협력하여 수색영역이나 임무를 할당하는 기술,

군집대형 제어기술, 영상 전송기술 등 실시간 군집 네트워킹 기술 등을 통해 단일 드론으로 수행하기 어려운 인명구조나 수색작업 등에 활용 가능성이 높다.

군사 분야에서도 다수의 소형 드론을 전술에 활용하면 인명피해를 최소화할 수 있고 적 방어선 공략에 적격으로 판단되어 관련 연구가 수행되고 있다.

미국의 레이시온(Raytheon)사는 미 해군연구소(Office of Naval Research, ONR)의 지원으로 소모성 무인기(Expendable UAV)인 Coyote를 이용하여 함정을 근거로 한 군집비행연구 프로그램인 LOCUST(Low-Cost Unmanned Aerial Vehicle Swarming Technology)를 수행 중이며, 2016년 6월 미국 애리조나(Arizona) 유마 시험장에서 Coyote 무인기 31대가 발사관을 통해 발사되어 약 40초 이내에 군집 포메이션을 갖춰서 기동하는 군집비행시험을 실시하였다.

마. 센서 퓨전(Sensor Fusion)

센서는 무인기 산업에서 가장 발전 가능성이 높은 분야로 무인기의 대부분이 원격센서를 이용하여 관련 정보 수집을 수행하고 있다.

무인기에서 활용되는 센서는 시각 범위 탐지기, 적외선 탐지기, 다분광 및 초분광 센서, 레이더, 라이다(LIDAR), 음향 센서, 감지 및 회피 센서, 항법 센서, 온도 및 습도 센서로 구분됨. MEMS(미세전자기계시스템) 기반으로 센서의 소형화가 가속화됨에 따라 단일센서 모듈이 복합센서 모듈 및 원칩(One-Chip) 복합 센서 형태로 개발되는 추세이다.

무인기의 임무가 복잡해짐에 따라 단일 센서만으로는 대응이 어려워지므로 이종의 센서를 융합하여 완전통합형 센서로 구성할 필요가 있으며, 정밀 항법 및 GPS 음영 지역에 대비하기 위한 GPS/INS 융복합 항법센서의 개발이 요구된다.

바. 인공지능 알고리즘

인공지능은 기계나 시스템이 지식을 습득하고 이를 적용하며, 시적인 행동을 수행할 수 있는 능력이다. 이를 무인비행체에 적용하면, 광범위한 영역에서 인식을 수반한 작업들 즉, 탐지(Perceiving), 추상화(Abstracting), 학습(Learning)을 바탕으로 물체를 이동시키고 작업하는 능력을 의미한다.

인공지능 알고리즘 분야는 상당 수준 개발이 진행되어 있으나 신경모사형 컴퓨팅 및 칩과 같은 H/W 분야는 초기단계로 인식되며, 회피나 영상인식 등과 같은 응용분야에서 지능형 정보기술이 개발되고 있으나 고도화된 인공지능의 응용·산업화에는 아직 상당한시간이 필요한 것으로 전망된다.

무인기 분야에서는 특징 지점 간 자동 항법 수준으로 인공지능이 일부 적용되고 있으며, 자율비행 분야에 스스로 인지·판단 제어 학습하는 인공지능이 접목될 수 있을 것으로 전망되나 전 세계적으로 초기 연구 개발이 진행되고 있다.

무인기의 유인 공역 진입을 위해 유인기 수준의 충돌회피 능력이 요구되므로, 인공지능 기술을 활용하여 무인기를 통한 센서 수집 정보, 주변 인프라에서 제공하는 정보, 3차원 지도 등의 정보를 종합하여 자율적으로 비행하는 형태로 발전될 것으로 전망된다.

대한민국의 스타트업인 UVify는 실내외 자율 비행이 가능한 인공지능 기반의 드론을 개발하여 쉬운 조작과 안전한 비행이 가능한 소형 드론을 선보여 민간 상업용 드론 공략을 목표로 하고 있다.

컴퓨터 비전, 영상기반 3차원 인식 및 지도작성(SLAM), 신호처리 및 제어기술을 토대로 실내 자율비행, 실내 위치인식, 로봇제어 기술이 적용되어 인공지능이 대폭 강화된 드론 기술 개발을 수행 중이다.

사. 항 재밍(Anti Jamming)

재밍(Jamming)은 전파가 강한 주파수를 쏴서 기계가 기존 주파수를 버리고 강한 전파의 주파수를 수신하도록 해 오작동을 일으키도록 하는 전파교란 기술이다.

항 재밍(Anti Jamming)은 재밍(Jamming)을 방해하는 기술로서, 전파교란 신호를 상쇄하도록 그 신호와 반대되는 신호를 보내는 기술이다.

재밍 신호가 오는 방향에 대해 널(Null)을 형성하여 재밍 신호를 억압하는 방사 패턴 제어 안테나(Controlled Reception Pattern Antenna, CRPA) 기법(예, 미국의 레이시온사)이 대표적이다.

2.3. 드론 생태계와 국내정책

4차 산업혁명 기술이 집약되어 있는 드론(Drone)은 부품, SW, 각종 센서, 배터리 등을 토대로 기체를 제조하거나 서비스를 운영하여 건설, 에너지, 농업, 통신, 보험. 화물, 택배, 물류서비스 영역에서는 새로운 비즈니스(Business)를 창출하는 생태계를 구성하고 있다.

글로벌 시장을 선도하는 기업은 부품, SW 등의 구성요소 가치사슬을 완성하고 기업인수 및 제휴를 통한 시장의 확대하고 있으며, 반면에 소형 드론의 경우 부품, SW, 각종 센서, 배터리 등의 기술발전과 시장경쟁으로 인한 가격하락 등으로 진입장벽이 점차 낮아지고 있다.

드론(Drone) 관련 부품 소프트웨어(SW: Software) 적용범위가 확대되고 다양한 분야에서 드론(Drone)을 이용한 특수한 임무수행, 재난재해 및 산업시설점검에서 비즈니스 모델(Business Model)이 나오고 있다.

대한민국 시장은 [그림. 15]와 같이 드론시장의 후발주자로서 정부출연연구소와 항공관련 기업을 중심으로 지속적인 기술인프라 투자와 연구개발을 추진하고 있으며, 중국과 드론 선진국의 약진과 글로벌 시장을 선도하는 기업과 제품이 부재한 상황에 있으나 최근 드론산업 육성정책으로 상업용 드론시장에서 급성장이 예상된다. 한편, 글로벌 드론 주요 선도기업은 <표. 3>과 같다.

〈표. 3〉 글로벌 드론 주요 선도기업

기업명	국가	주요제품
DJI	중국	DJI Mavic3
Parot	프랑스	Parrot Anafi
AeroVironment	미국	Switchblade®, RQ-20 Puma AE
Insitu	미국	ScanEagle
X4G	중국	P100, P40, V40 등
Aeronautics	이스라엘	Voyage Aeronautics
Intel	미국	Falcon 8+
Yuneec	중국	Yuneec Mantis Q YUNMQUS
eHang	중국	EHang 216, Ghost

출처: NIPA 품목별 ICT시장동향 (드론)

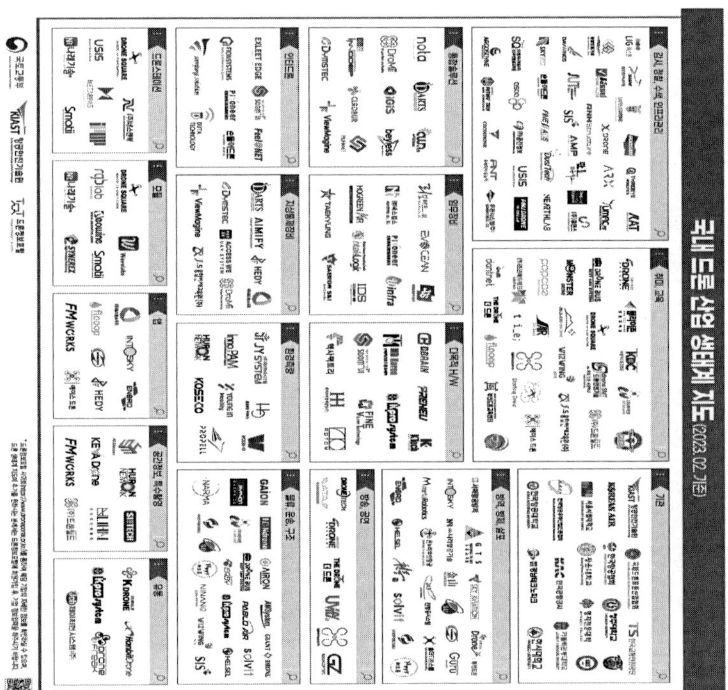

[그림. 15] 국내드론산업 생태계 지도

출처: 드론정보포털(https://droneportal.or.kr/)

분야	추진 과제	현행	개선	시기
인프라 기반 조성	특별비행승인 요건 개선	ㅇ야간·비가시권 비행시 특정장비 장착 요건 등 업계에 부담	ㅇ특별비행 승인요건을 특정장비 장착에서 성능·기능 요건으로 개편, 행정절차도 간소화	'23
	드론공원 지정 근거 마련	ㅇ도심지에서 자유롭게 드론을 비행할 수 있는 공간이 부족	ㅇ취미·레저활동 장려 및 안전한 비행이 가능한 드론공원 지정 및 지원 근거 마련	'24
	드로교통관리체계 실증 및 구축	ㅇ드론비행 수요 증가에 비행계획, 비상대응 등 종합관리체계 부재	ㅇ연구개발 및 실증을 거쳐 드론 교통관리체계 구축 및 운영기준 마련	'27
	드론비행승인 자동화체계 구축	ㅇ비행수요 증가에 따라 이용편의를 위한 승인 체계 필요	ㅇ실시간 비행승인처리가 가능한 드론 자동비행 승인체계 구축	'28~
활용 서비스 고도화	우수기업 발굴 및 육성 기준 마련	ㅇ드론 활용사업이 확대되고 있으나, 대다수 드론기업이 영세한 상황	ㅇ기술·서비스 역량을 갖춘 우수기업 선정기준을 마련하고, 행정·재정적 우선 지원	'23~
	드론배송 배달점 지정 확대 및 관련 설비규정 마련	ㅇ드론배송 상용화를 위한 기반 마련 필요	ㅇ드론 배달점을 단계적으로 지속 확대하고, 배송을 위한 설비 근거 및 설치기준 등 마련	'23~
	공공용 긴급드론 활용 특례대상 확대	ㅇ공공용 긴급드론 운용시 비행승인면제 등 특례 부여 (국가지자체, 22개 공공기관)	ㅇ수색·구조, 화재진화, 시설점검 등 공공용 긴급드론 활용 특례대상 확대	'24
	드론 정비업 신설	ㅇ드론정비사업에 대한 등록요건 등 미비	ㅇ드론 정비업을 신설하고, 사업 특성을 반영한 등록요건을 규정, 정비 서비스 품질 향상	'25
	드론배송사업 근거 및 사업자 안전기준 마련	ㅇ드론배송 실증 확대 및 기술발전 등 감안, 상용화 운영기준 필요	ㅇ드론 배송사업 근거 및 운영기준 (안전요건, 조종자격 등) 마련	'27
차세대 운용체계 마련	드론 분류체계 개선	ㅇ새로운 형식의 비행체 (수직이착륙기 등) 개발에 따른 제도 개선 필요	ㅇ신비행체 개발·도입에 대응하여 분류체계 및 자격제 개선	'24
	무인항공기 운영체계 마련	ㅇICAO 중심으로 무인항공기 관련 국제표준안 마련 논의중	ㅇ무인항공기에 대한 국제표준안 논의에 맞추어 무인항공기 관련 국내 기준 마련	'26
	유인항공기 공역 내 무인항공기 통합 운영체계	ㅇ유인항공기 관리체계 내 무인항공기 통합운영을 위한 교통관제 절차 필요	ㅇ유인항공기 항공교통 관제절차를 준용토록 하고, 통신단절·충돌 등 비상상황에 대비한 운영절차 마련	'28

[그림. 16] 드론분야 선제적 규제혁파 로드맵 2.0

출처: 대한민국 국토교통부 드론분야 선제적 규제혁파 로드맵2.0

한편, 대한민국 정부는 2023년 6월에 제2차 드론산업 발전 기본계획(2023-2032)(안)을 제시하면서 국내 드론시장 규모를 2020년

4,900억원에서 2030년까지 2조 3천억원으로 늘리고, UAM분야를 본격적으로 상용화 하여 10개 노선을 서비스할 계획이다. 이를 위해서 [그림. 16]의 드론분야 선제적 규제혁파 로드맵 2.0 처럼 드론의 폭넓은 활용을 뒷받침하는 법/제도/인프라 기반강화, 신기술 개발, 제작 활용산업 지속육성 등 드론강국 재도약, 일상생활 속 드론의 편리함을 느낄 수 있는 기반 마련을 제시하고, 강소기업 육성과 국민체감서비스 확대, 신산업규제 합리화, 유기적 인프라 공역체계 구축, 핵심활용기술 개발, 차세대 인재양성 및 지원체계 구축 등을 추진전략으로 도출하였다.

또한, 대한민국 드론 활용의 촉진 및 기반조성에 관한 법률 제10조에 의거하여, [그림. 17] 처럼 법률에 규정된 인증, 허가, 승인 등 유예 또는 면제사항이 적용되는 드론특별자유화 규역은 29개 구역에 18개 구역을 추가하여 총 23개 지자체 47개 구역으로 확대하여 운영된다.

구분	지역(구역수)
수도권	포천 (5), 인천 옹진군(1)
호남권	광주북구(1), 고흥(3), 전주(1), 나주(3), 여수(2), 구례(3), 남원(1)
강원권	원주시(2)
충청권	대전서구(4), 세종(1), 아산(1), 태안(1), 서산(3), 금산(2)
영남권	울산울주(2), 창원(2), 김천(1), 경주(4), 부산(2), 구미(1)
제주권	제주도 전역(1)

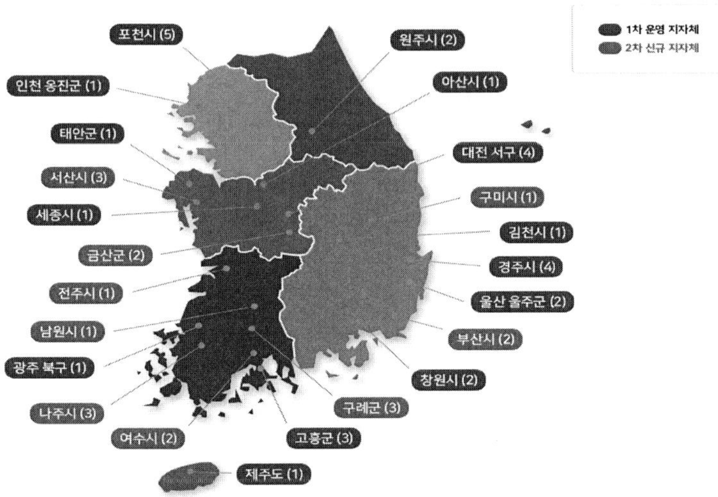

[그림. 17] 대한민국의 드론 특별화 자유 규역
출처: 드론정보포털(https://droneportal.or.kr/)

읽을거리

드론에서 활용되고 있는 레이더, 적외선 카메라, GPS, 수직이착륙기

① 레이더(Radar)

레이더는 조사한 전자파가 대상에 부딪힌 뒤 되돌아오는 반사파를 측정하여 대상을 탐지하고 그 방향, 거리 속도 등을 파악하는 정보 시스템을 의미한다.

<드론 레이더의 주요 특징>

- 작은 사물에 대한 전문성
  - · 작은 물체를 감지하고 움직임을 안정적으로 추적하는 데 특화되어 있다.
  - · 항공 교통 관제 레이더는 여객기의 속도와 궤적을 측정할 수 있으며 이를 통해 복잡한 비행기 경로 관리 가능하다.
- 저고도 비행 인식
  - · 레이더는 저고도로 비행하는 드론에 대한 포착이 가능하여 잠재적인 위험을 빠르게 포착하는 것이 가능하며 움직이는 물체에 대한 정밀 추적이 가능하다.
- 느린 추적 속도
  - · 느린 속도로 물체를 추적하여 물체에 대한 정밀한 분석 가능하다.
  - · 레이더는 외부 상황이 복잡한 때에도 물체를 탐지하는 기능이 탁월하기 때문에 복잡한 도시에서 활용에 적합하다.

② 적외선 카메라(Infrared Camera)

적외선 카메라는 적외선 건판이나 적외선에 민감한 전하 결합 소자를(CCD) 이용하여 적외선 영상을 촬영하는 카메라를 의미한다.

<적외선 및 180x 줌을 사용하여 재난으로부터 동물 구조>

· 항공 촬영 감독 Doug Thron은 적외선과 일반 카메라가 모두 장착된 상업용 무인 항공기를 사용하여 우크라이나 등의 재난 지역에서 갇혀있는 동물 감지 및 구조한다.
· 180x의 총 배율을 허용하는 Zenmuse Z30렌즈와 함께 DJI Matrice 210의을 사용하며 동물의 체온을 감지하는 적외선 카메라를 부착하여 사용하며 줌 기능을 활용해 적외선 판독값이 정확한지 확인 가능한다.

<열화상 드론 기술의 발전으로 상업용 검사 효율성 향상>

· 열화상 또는 적외선 이미징은 특수 카메라를 사용하여 표면에서 방출되거나 반사되는 다양한 양의 열에너지에 대한 정지 이미지 및 비디오를 구축한다.
· 일반적으로 물체의 상대 온도에 따라 다른 색으로 표출되며 이는 재료와 표면 마감이 달라 열에너지를 방출하는 능력에 영향을 주고 있다는 것을 의미한다
· 휴대용 열화상 카메라를 사용하여 멤브레인으로 덮인 지붕의 잠재적인 습기 손상을 검사하는 것이 가능한다.

③ **GPS**

GPS는 위성에서 보내는 신호를 수신해 사용자의 현재 위치를 계산하는 위성항법시스템으로 항공기, 선박, 자동차 등의 내비게이션 장치에 주로 쓰이고 있으며 최근에는 PC 스마트폰 태블릿 등에서도 많이 활용되고 있다.

위성 항법 시스템은 항공기, 우주선, 자동차, 선박 등의 이동 수단이 위치를 파악하고 목적지로 안전하게 이동하기 위해 사용되는 시스템이다. 이 시스템은 GPS(Global Positioning System)를 포함한 다양한 위성을 활용하여 위치를 결정하고, 이동 경로를 계획하며, 목적지에 도달하기 위한 안내를 제공한다. 이를 통해 운송수단은 정확한 위치를 파악하고 목표 지점까지 안전하고 효율적으로 이동할 수 있다. 위성 항법 시스템은 전 세계적으로 널리 사용되고 있으며, GPS가 가장 대표적이다. GPS는 미국이 개발한 위성 항법 시스템으로, 지구 주위를 고정된 궤도를 돌면서 신호를 발신하는 위성들을 통해 위치를 측정한다. 이외에도 GLONASS(러시아), Galileo(유럽연합), BeiDou(중국) 등의 다른 국가나 지역에서 개발된 위성 항법 시스템도 있다.

<GPS 드론의 장점>

· 포지션 홀드: 드론이 GPS 신호에 고정되면 고정된 위치에서 위치를 식별하고 유지할 수 있어 적당한 바람에도 제자리에 머물 수 있는 것이 장점이다.

· 고도 유지: 일부 드론은 비행 중에도 일정한 고도를 유지하기 위해 GPS를 활용하며 이는 드론 항공기가 지상 400(AGL)

FAA 피트 아래에서 작동해야 한다는 규정을 고려할 때 특히 중요하다.

· 정확한 이착륙 : 드론은 정확한 이륙 위치를 기억하고 1~2 피트 이내로 돌아갈 수 있으며 이를 실현하는 것이 GPS 기능이다.

· 데이터 기록 : 헨 드론은 비행시간과 비행 위치 등 각 비행의 비행 로그를 작성하여 추락한 드론을 찾고 복구하는데 도움된다.

④ 수직이착륙기(VTOL)

수직이착륙기는 로터 또는(다중 로터) 구성을 사용하여 기존 헬리콥터와 유사한 방식으로 수직 이착륙 기능과 수평 추진력을 제공하는 드론을 의미한다.

<VTOL 고정익 드론시장규모, 2030년까지 45억달러로 성장할 전망>

· 시장조사업체 Brainy Insights에 의하면, 고정익 VTOL 드론의 시장규모는 2021년 7억 5,000만 달러를 기록하였으며, 2022년부터 2030년까지 연평균 22%로 45만 달러규모로 성장할 것으로 전망된다.

· 틸팅 로터를 사용하여 수직으로 이착륙하는 고정익 VTOL UAV는 방위 국경 통제 농업 및 환경보호와 같은 점점 더 많은 응용 분야에 사용되고 있으며 최근에는 상업용 화물 운송 및 운송분야에서의 활용도 증가하는 중이다.

· 특히 인공지능의 통합과 관련된 기술 발전과 함께 향후 수년간 글로벌 VTOL UAV 시장의 확장을 주도할 전망이다.

연습문제

1. 드론의 시장 동향에 대하여 설명하시오.

2. 드론의 활용 규모에 대하여 설명하시오.

3. 드론 기술동향에 대하여 설명하시오.

4. 드론 생태계와 국내정책에 대하여 설명하시오.

03-기본내용

드론의 국외 연구 동향

3.1. 드론의 구성요소 및 아이디어 동향

드론(Drone)이라는 용어는 제2차 세계 대전 중에 미국에서 처음으로 사용되었다. 처음에는 무인 표적 항공기를 나타내는 용어로 사용되었으며, 주로 정찰 목적으로 개발되었다. 그러나 최근에는 미국에서 드론이 무인 항공기 전반에 대한 일반적인 레이블로 재도입되어 현재는 대한민국에서도 다중 로터기에 대한 영어 용어로 인식되고 있다. 1980년대에는 RPV(원격 조종 비행체)라는 용어도 사용되었다. 이 용어는 지상에서 무선 통신을 통한 원격 조종을 통해 실시간 경로 조정이 가능한 항공기를 나타냈다. 한국 군사 맥락에서는 이러한 비행체를 나타내는 데 원격 조종 차량이라는 용어가 사용되었다.

드론이 기본 구조는 아래 [그림. 18] 처럼[2] 여러 핵심 구성 요소로 이루어져 있다.

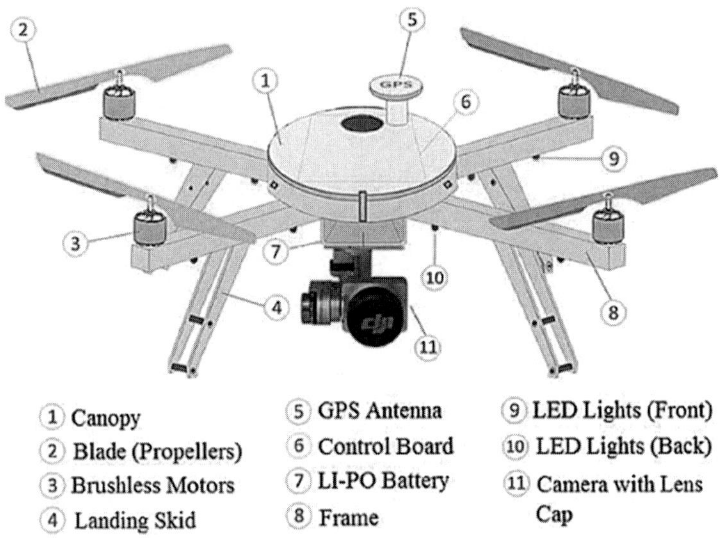

[그림. 18] 드론의 주요 구성 요소

드론의 프레임은 주로 알루미늄 합금, 탄소, 또는 복합 플라스틱과 같은 경량 재료로 제작되어 비중을 줄여 비행 성능을 최적화하는 주요 하중 지지 구조로 작용한다. 프로펠러는 일반적으로 에어프레임에 장착되어 리프트를 생성하고 드론이 비행할 수 있도록 한다. 프로펠러의 회전 속도와 기울기 각도를 조절함으로써 드론은 비행 경로를 제어하고 조종할 수 있다. 프로펠러를 회전시키기 위한 전원은 전기 모터 또는 내연 기관에서 제공된다. 전기 모터는 소음이 적고 성능이 우수하며 조절이 쉬운 장점으로 인해 드론에서 더 일반적으로 사용된다. 드론은 무선 신호 또는 무선 연결을 통해 드론과 통신하는 원격 또는 자동 컨트롤러에 의해 조절된다. 자율 컨트롤러는 알고리즘과 센서를 사용하여 드론이 움직임과 작업을 자동으로 수행할 수 있도록 한다. 가속도계, 자이로스코프, 나침반, 압력 센서 및 GPS와 같은 센서들은 드론에 통합되어 위치 결정, 비행 방향, 고도 측정 및 비행 중 균형 유지를 지원한다. 드론은 리튬이온 또는 리튬 폴리머 배터리로 구동되며, 특정 드론 모델에 따라 연장된 비행 시간을 위한 경량이면서 고용량의 에너지원을 제공한다.

최근 몇 년 동안 드론 기술은 크게 발전했다. 드론 기술은 더욱 소형화되어 이동성을 향상시켰다. 미니 및 나노 드론이 인기를 얻으면서 감시, 배송, 재고 관리 및 엔터테인먼트와 같은 다양한 분야에서 사용되고 있다 [그림. 19]. 드론의 센서는 주변 환경에 대한 정밀한 정보 수집을 가능케 하기 위해 더욱 고급화 되었다. 이미징, LiDAR, 열 감지 및 대기압 센서는 감지, 추적 및 위치 결정 능력을 향상시키기 위해 활용 되었다. 통신 및 제어 기술은 드론과 운영자 간의 연결성을 향상시키기 위해 개선되었다. 무선 통신 시스템의 개발과 최적화된 통신 프로토콜은 연결의 범위와 안정성을 향상시키는 데 도움이 되었다.

논문[6]에서는 소매스테틱 개념을 기반으로 하는 인간과 드론 간의 상호 작용에 대한 연구 및 설계에 중점을 두며 [그림. 20]과 같다.

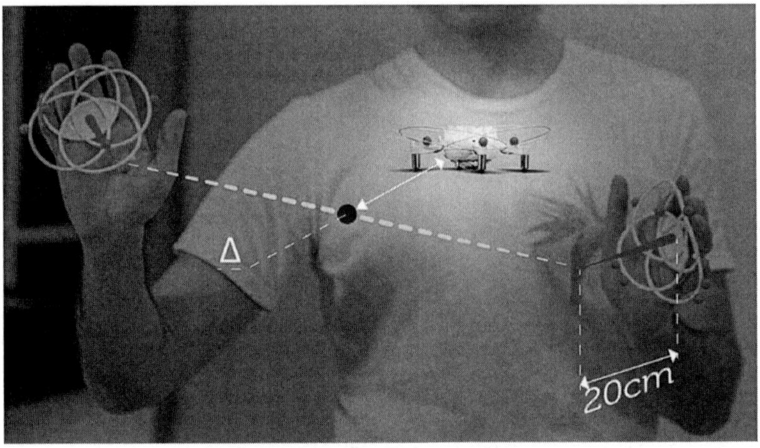

[그림. 19] 드론 Chi 컨트롤러 컨셉

드론 Chi 컨트롤러 컨셉은 태극권 무예에서 영감을 받아 인간과 드론 간의 상호 작용 경험을 제공하는 것이다. 저자는 태극권의 감각 경험을 드론 차이에 통합하기 위해 연구 디자인, 제품 디자인 및 공학적인 관점을 활용하고 있다. 디자인과 사용성 요구 사항에 대한 감각적인 개념의 영향은 유사한 상상력과 영감을 통해 높여졌다. 또한, 자율 드론을 소매스테틱 상호 작용 디자인 도구로 활용하는 방법에 대한 논의도 포함되어 있다. 드론은 인간 몸과 가까운 거리에서 편안하게 사용될 수 있어야 하며, 미학적이고 기능적인 요구 사항을 충족시키며, 센서 시스템에서의 지속적인 제어와 피드백이 가능해야 한다.

논문 [7]에서는 드론(Drone)을 위한 카메라 기반의 자동 착륙 시스템을 개발했다. 이 논문에서는 Raspberry Pi 3B+ 및 광각 카메라와 같은 하드웨어를 사용하여 쿼드로콥터를 업그레이드하는 방법에 대한 논의가 포함되어 있다. 이미지 처리 단계를 통해 독특한 착륙 심볼을 감지하고 이미지 위치를 적절한 피드백 오류로 변환하는 과정이 수행된다. 감지 및 착륙 시스템은 20 Hz의 위치 제어를 통해 안정적으로 착륙 지점에서 작동하도록 설계되었다.

논문 [8]에서는 블록체인(Blockchain) 기술을 사용하여 드론의 대규모 데이터 개인 정보를 보호하는 방법에 대한 연구가 진행되었다. 이 기사는 드론 데이터의 개인 정보를 보호하는 것이 중요한 보안 문제임을 강조하고 있다. 블록체인 기술이 드론의 대규모 데이터 개인 정보를 보호하는 데 큰 잠재력을 가지고 있으며, 수정할 수 없고 추적 가능하며 분산된 데이터 저장이 가능하다고 여겨져 데이터 처리 성능을 향상시키는 데 도움이 될 것으로 기대된다. 또한, 이는 정보 보안과 개인 정보 보호에 대한 새로운 방향을 제시하고 있다. 이 기사에서는 블록체인 기술을 기반으로 한 대규모 데이터 개인 정보 보호를 위한 제안이 소개되었으며, 블록체인 기술, P2P(피어 투 피어) 네트워크, 숫자 이론 기반의 암호 알고리즘 및 기타 관련 기술의 필수 요소가 소개되었다.

드론 기술은 다양한 새로운 응용 기회를 열어놓았다. 드론은 환경 모니터링 및 조사, 스마트 농업, 배송 서비스, 촬영 및 사진 촬영, 구조 및 구호 작업뿐만 아니라 여러 다른 분야에서 사용되고 있다.

논문 [9]에서는 드론(Drone)을 기반으로 한 다중 객체 추적 및 3D 위치 시정 시스템을 제시하고 있다. 이는 지상에서 감지된 개체를 추적하기 위해 타이밍과 외관 정보를 활용하는 TrackletNet

Tracker(TNT)라는 다중 객체 추적 방법을 통합하고 있다. 그리고 본 논문에서는 다중 뷰 스테레오 기술에서 추정된 그룹 평면을 사용하여 추적된 지상 객체의 위치를 결정하는 방법이 소개되었다. [그림. 20]과 같이 장면에서 객체를 감지하고 추적 하는데 더불어 드론 카메라와 관련하여 그들의 3D 좌표를 결정할 수 있는것으로 나타났다. 실험에서는 이 시스템이 드론에 의해 감지된 대부분의 객체를 신뢰성 있게 처리하며 다른 최첨단 방법과 비교하여 우수한 3D 위치 지정 성능을 달성할 수 있었다.

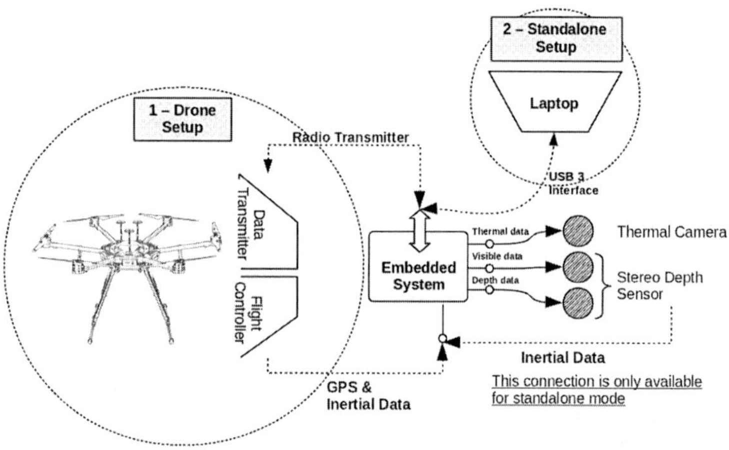

[그림. 20] 산업 부품의 다중 모달 드론 기반 검사

한편, 논문 [11]은 아프리카 르완다(Rwanda)에서의 산업용 드론 기술 도입이 이해관계자들에 미치는 영향을 연구한다. 이 연구는 르완다의 소규모 상업 농장에서 드론 도입에 대한 이해관계자들에 대하여 분석한다. 논문은 이해관계자들의 개념, 기대 및 우려를 후기 식민지 맥락에서 해석하여 제약 요인을 식별한다. 그리고 지배적인

다국적 데이터 이전 프로세스를 고려하며 지역 데이터의 통제와 관리를 용이하게 하는 시스템 설계를 제안한다. 참여자들은 이 기술의 도입과정에서 자신들과 그들의 국가 외부에서 발전된 기술에 대한 우려를 나타냈다. 이전 연구들이 강조한 개인정보보호 보다는 참여자들의 통제 손실과 기술 발전에 대한 우려 되었다.

논문 [12]은 가정 환경에서 이동형 드론의 활용을 조사한다. 이 시스템은 가정 내 센서 및 지능형 기기를 식별 및 분류하는 과정을 채택한 후에 명령에 따라 작업을 수행하기 위해 이를 활용한다. 시스템은 지속적으로 사용 가능한 장비의 상태를 모니터하고 발생하는 변경에 대응하여 작업을 조정한다.

Khosravi 및 연구자들은 [13]은 동시에 여러 작업을 수행할 수 있는 드론의 비행 궤적을 설계하는 것을 연구했다. [그림. 21]과 같이 드론 비행 경로를 최적화하여 효율적으로 배송과 같은 수송 작업을 수행하면서 지정된 영역 전체에 일관된 커버리지를 보장하는 데 중점을 두었다.

[그림. 21] 커버리지 및 운송용 드론

이 커버리지는 네트워크 커버리지, 사물인터넷 데이터 수집, 무선 전력 전송 및 모니터링을 포함한 여러 활동을 포괄한다. 이 비행 경로 접근법을 채택함으로써, 일관된 커버리지를 제공하면서 동시에 운송 효율을 극대화할 수 있다. 연구는 그 후 목적지가 불규칙한 형태의 지역에 무작위로 분산된 더 현실적인 시나리오를 검토한다. 분석과 시뮬레이션을 통해 실제 상황에서 균일한 커버리지와 효율적인 운송 경로를 제공하는 가능성을 보여준다.

한편, 농업 분야에서 드론 기술은 작물 지역의 모니터링과 조사 효율을 향상시키기 위해 사용된다. 논문 [14]에서 저자들은 농산물의 성숙 단계를 결정하는 중요한 역할을 강조했다. 농산물을 수확할 적절한 시기를 파악하는 것은 상업적 가치를 보장하기 위해서 중요하다. 현재 이 성숙 단계를 결정하는 작업은 주로 현장이나 지상에서 직접 관찰을 통해 이루어진다. 그러나 이 방법은 많은 시간과 노력이 소요된다. 따라서 드론 기술을 사용하면 이 문제를 더 빠르고 효과적으로 해결할 수 있다. 저자들은 이미지 처리 기술과 드론을 결합하여 밀밭에서의 모니터링 및 매핑을 수행하는 것을 제안한다. 드론을 사용하면 밀밭의 이미지를 쉽게 위에서 수집할 수 있다. 그런 다음 이미지 처리를 통해 작물의 성숙 단계를 평가하고 분류할 수 있다. 결과는 드론 기술이 특히 밀농사에서 농업에 매우 유용하다는 것을 보여준다. 이미지 처리 기술은 농업 연구에서 널리 사용되고 있지만 드론 기술의 활용은 아직까지 널리 보급되지 않았다.

3.2. 무인 항공 기기(Unmanned Aerial Vehicles) 동향

1990년대에는 데이터 연결 기술의 발전과 함께 실시간 이미지 수신이 가능한 무인 항공 기기(UAV)가 개발되었다. 이들 UAV는 내부 및 외부 조종 장비뿐만 아니라 이미지 수집을 위한 카메라 장비를 감지하고 작동시키는 제어 시스템도 장착되었다. UAV는 지상 또는 선박 제어 센터에서 실시간으로 원격 모니터링 및 조작이 가능하여 항공기 및 임무 영역 상황을 통제할 수 있다. UAV는 다양한 센서를 통합할 수 있는 능력, 낮은 운영 비용, 배치의 용이성 및 기동성의 유연성 등으로 최근 몇 년간 인기를 얻었다.

논문 [15]에서는 긴급 대응 시스템의 주요 도전 과제를 다루며 재난 후 긴급 대응의 의사 결정에 과학적 기초를 제공한다. [그림. 22]와 같이 현재 군사 및 민간 목적으로 사용되는 다양한 UAV는 주로 형태, 거리 능력, 비용, 최대 이륙 중량 및 가격 속성을 기반으로 일반적으로 분류된다. UAV는 그들의 비행 메커니즘에 따라 [그림. 5]에 나타난 것처럼 네 가지 범주로 나뉜다.

무인 항공 기기(UAVs)는 자율 비행 능력이 필요하며, 드론은 이러한 능력이 반드시 필요한 것은 아니다. 무인 항공 기기(UAVs)의 자율 능력에 대한 항법은 핵심적이다. 이는 GPS, 가속도계, 자이로스코프 및 자력계와 같은 센서를 사용하여 무인 항공 기기의 위치와 방향을 실시간으로 정확하게 결정한다 [16]. 무인 항공 기기(UAVs)의 항법 알고리즘은 비행 계획 및 경로를 생성하며, 웨이포인트 및 임무 목표를 지정한다.

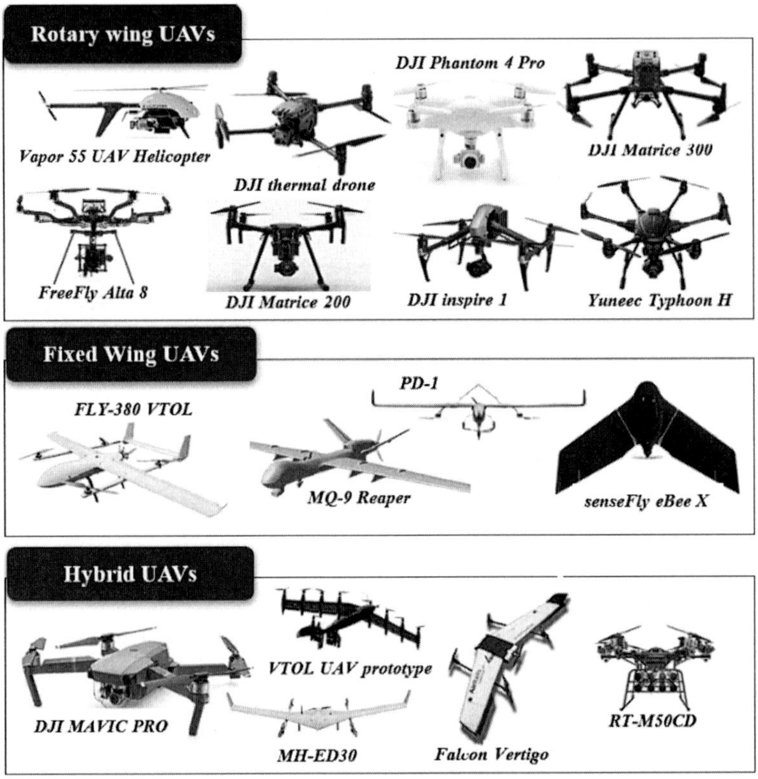

[그림. 22] 다양한 종류의 UAVs

이러한 계획은 단순한 지점 간 비행에서 다양한 웨이포인트와 동적 장애물 회피를 갖춘 복잡한 궤적까지 다양하다. UAVs는 근접 센서, LIDAR 또는 카메라를 통해 실시간으로 장애물을 감지할 수도 있다. 기내 센서에 의해 자율적인 이륙 및 착륙 절차도 가능하다. UAV 항법은 실시간 데이터 피드 및 피드백 루프를 통합하여 임무의 적응성을 지원함으로써, 항공 지도, 감시 및 배송과 같은 다양한 작업을 자율적으로 수행할 수 있다. UAV 항법은 응용 분야에 따라 다음과 같이 네 가지 범주로 나뉜다: 실외 항법, 실내 항법, SaR을 위한 항법 및 무선 네트워킹을 위한 항법. UAV 항법 문제를 해결하기 위해 학습 기반 및 비학습 기반 방법이 제안되었다. 비학습 기반 방법은 일반적으로 센서 및 충돌 회피 또는 경로 계획 기술을 활용하며, 학습 기반 방법은 시뮬레이션 또는 강화 학습 접근법을 사용한다.

J. Kwak과 Y. Sung [17]은 수집된 비행 데이터를 사용하여 UAV를 자동으로 제어하는 방법을 제시한다. A* 알고리즘(A* Algorithm)은 여러 모니터링 지점의 비행 경로에서 생성된 그래프 시스템을 사용하여 UAV 비행을 계획하는데 사용된다. [그림. 23]는 4개 비행 레코드에서 생성된 그래프 시스템을 A* 알고리즘으로 보여준다.

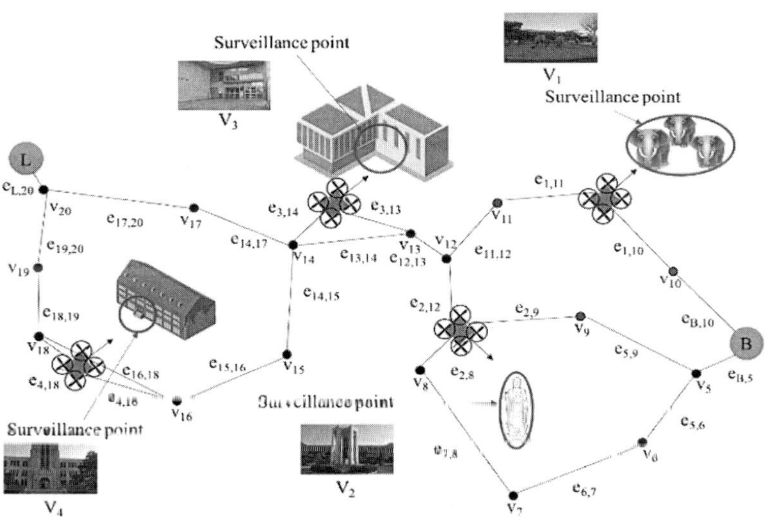

[그림. 23] 4개 비행 레코드에서 생성된 그래프 시스템

이는 UAV가 자율적으로 짧은 경로를 따라 비행하고 부분적으로 비행된 비행 세그먼트를 연결할 수 있게 한다. 이 알고리즘은 원형 경로를 가진 경로에 계층적으로 적용될 수 있다. 제안된 방법은 실험적으로 검증되었으며, 수집된 UAV 비행 데이터를 분석하여 그래프와 계획을 기반으로 비행 경로를 생성했다. 파일럿은 UAV를 여섯 번 비행시켜 8,115개의 UAV 비행 데이터 포인트를 수집했다. 생성된 그래프 기반 비행 경로에는 17개의 사진 촬영 모니터링 포인트와 90개의 중간 비행 포인트가 포함되어 있다. 여섯 차례 비행에서 수집된 비행 경로의 길이는 1,364.32m이며, 제안된 방법을 사용한 비행 경로의 길이는 764.27m이다. 8,115개의 비행 포인트를 수집하고 제안된 방법을 사용하여 109개의 비행 포인트를 선택함으로써 계층적 A* 검색 알고리즘을 사용하여 그래프 기반 비행 경로의 복잡성을 1.34%로 줄였다. 이 논문은 글로벌 포지셔닝 시스템(GPS)을 사용하여 UAV의 위치를 결정하고 3D 시뮬레이션을 통해 관측 지점을 기반으로 한 비행 경로를 계획하는 방법을 다룬다.

논문 [18]은 어려운 환경에서 UAV가 항해할 수 있도록 딥 강화 학습(DRL)을 활용하는 데 중점을 둔다. 논문에서 제안한 방법은 배송 및 원격 모니터링 분야에서 폭넓게 적용될 수 있다. 저자들은 부분적으로 관찰 가능한 마르코프 의사 결정 과정(POMDP) 모델을 사용하고 두 가지 잘 알려진 정책 그라디언트 이론을 기반으로 개발된 온라인 DRL 알고리즘으로 이를 해결하는 것을 제안한다. 이 방법은 UAV의 원시 센서 독자을 내비게이션용 제어 명령으로 직접 변환한다. 위치 및 충돌 회피 또는 동시 위치 추정 및 매핑(SLAM)에 의존하는 기존 기술과 달리 제안된 방법은 UAV의 센서 측정을 즉시 내비게이션용 제어 신호로 변환한다. 실험 결과는 이 방법이 UAV가 정교하고 광범위한 가상 환경에서 자율적으로 항해할 수 있게 하며, 이를 더 복잡하고 대규모의 3차원 시나리오에 적용할 수 있음을 보여준다. 또한, 제안된 온라인 DRL 알고리즘이 POMDP에서 제기된 도전 과제에 대처하는 데 기존 방법보다 뛰어나다.

논문 [19]은 UAV에 대한 충돌 회피 기술과 시스템을 논의한다. 이 논문은 [그림. 24] 처럼 무인 차량에 사용되는 충돌 회피 전략에 대한 포괄적인 검토를 제공하며, 주로 UAV에 중점을 두고 있다. 저자는 무인 차량의 자동화 수준, 상황 인식 및 자동 의사 결정에 사용될 수 있는 센서 유형, 그리고 무인 차량의 안전을 보장하기 위한 충돌 회피 시스템의 필요성을 분석한다. 충돌 회피 시스템은 운전자에게 경고를 제공하거나 자동으로 차량을 제어하며, 충돌을 피하기 위해 제동이나 조향과 같은 조치를 취할 수 있다.

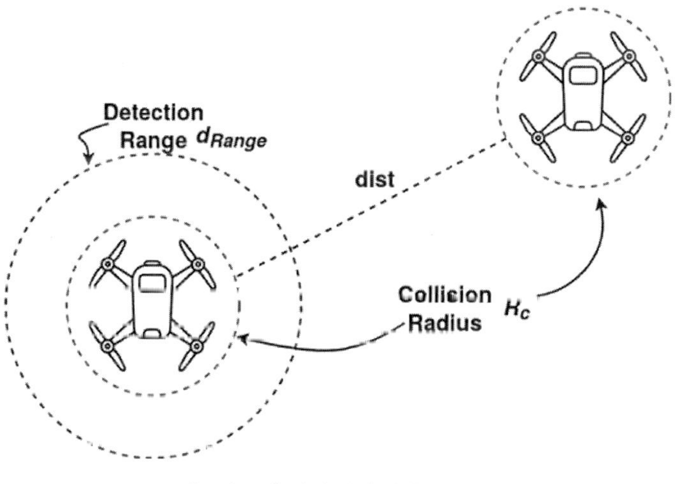

[그림. 24] 탐지 범위 및 충돌 반경

충돌 회피 접근법은 기하학적, 힘 필드, 최적화 기반 및 감지 및 회피의 네 가지 주요 그룹으로 분류된다. 기하학적 및 힘 필드 방법은 알고리즘 설계 측면에서 가장 높은 복잡성을 갖고 있으며, 최적화 기반 전략은 중간 수준의 복잡성을 갖는다. 감지 및 피하는 방법은 지역 감지 및 개별 정보 처리를 활용하여 가장 낮은 복잡성 순위를 가지고 있다. 운영 요구 사항을 충족시키기 위해 적절한 알고리즘을 선택하거나 여러 충돌 회피 방법을 결합하는 것이 필요하다. 감지 및 피하는 기술은 어떤 환경에서든 정지 또는 이동하는 장애물 주위를 비행하는 데 가장 직접적이고 신뢰성 있으며 효율적인 방법이다. 그러나 더 효과적인 경로 계획 알고리즘을 통합하여 지역 최소값에 갇히거나 충돌을 피하기 위해 시스템을 보호하는 것이 필요하다. 감지 및 피하는 방법은 외부 통신과 독립적으로 작동하며 환경 변화에 신속하게 응답하여 동적 환경에서 UAV의 안전을 보장하는 믿을 수 있고 자립적인 방법이다.

논문 [20]은 전체적인 상황인식을 증가시키기 위해 UAV 무리의 감시 위치를 최적화하는 방법을 소개한다. 이 논문은 UAV의 운동학이나 주변 환경을 고려하지 않고 UAV의 감시 위치를 최적화하는 데 중점을 둔 알고리즘의 사용을 설명한다. 대신 알고리즘은 실시간 이미지에서 학습하여 감시 작업에 가장 효과적인 무리 형태를 결정한다. 이 방법은 블록 좌표 강하 최적화 접근법을 활용하며, AirSim 시뮬레이션 환경에서 수행된 실험을 통해 평가된다. 개발된 UAV 기반 탐사 체계는 [그림 8]에 나와 있다. 실험 결과는 제안된 내비게이션 알고리즘이 UAV 무리를 전략적인 감시 위치로 안내하고 다양한 무리 크기에 적응할 수 있다는 것을 성공적으로 입증한다.

커버리지 경로 계획은 무인 항공기기들(UAVs)의 자율 운용을 달성하기 위한 중요한 기술로, [그림. 25]에 나와 있다. 이는 모든 관심 영역을 효율적으로 커버하는 비행 경로를 찾는 것을 포함안다. 그러나 이 문제에 대한 최적의 해를 얻는 것은 NP-Hard 계산 복잡성으로 인해 어려운 과제이다.

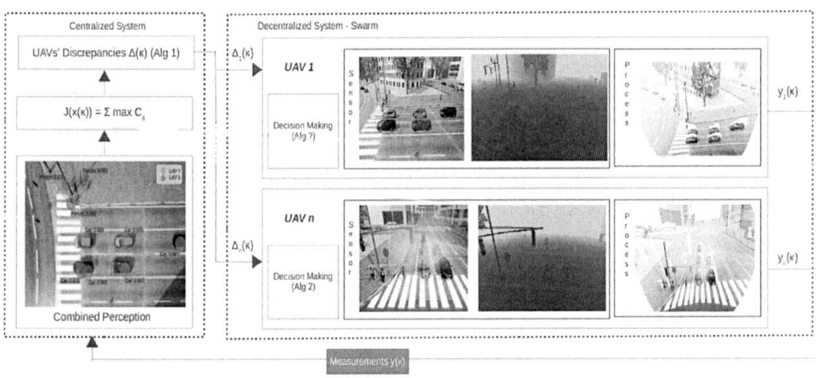

[그림. 25] UAV 기반 내비게이션 체계

논문 [21]에서는 NP-Hard 계산 복잡성 문제에 대한 해결책으로 두 가지 방법론을 제안하고 있다. 첫 번째 방법은 혼합 정수 선형 프로그래밍을 기반으로 수학적 모델을 활용하여 전체 솔루션 공간을 탐색하고 자율 UAV의 최적 비행 경로를 생성한다. 이 방법은 정확한 해결책을 제공하지만 높은 계산 복잡성을 동반한다. 두 번째 방법은 밀도 기반 클러스터링 방법을 사용한다. 클러스터링 기반 알고리즘을 활용하여 영역을 클러스터로 분류하고 UAV의 근사적인 최적 지점 간 경로를 도출한다. 이 방법은 커버리지 작업이 올바르고 효율적으로 수행되도록 보장한다. 제안된 방법의 효율성과 효과는 무작위로 생성된 영역을 사용하여 수행된 실험을 통해 입증된다. 이 실험은 [그림. 26] 처럼 UAV의 다양한 성능을 고려하여, 비행 속도, 에너지 공급 및 센서 스캔 폭과 같은 특성을 강조한다.

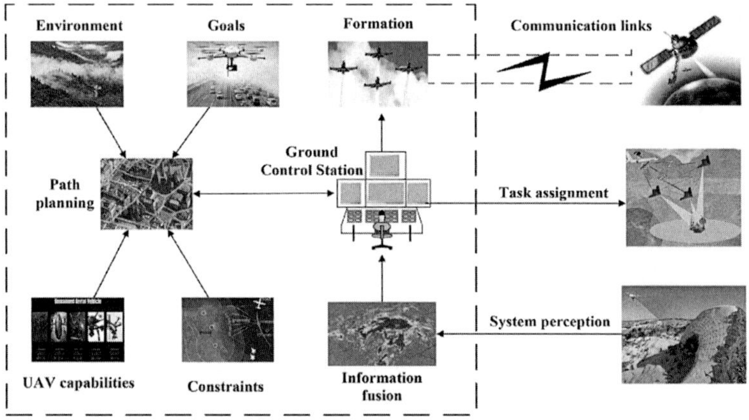

[그림. 26] 자율주행 UAV 시스템의 경로 계획.

본 논문은 인공지능(AI)은 대규모 데이터 분석과 머신러닝(ML) 알고리즘을 활용하여 UAV 네트워크의 도전과제를 해결하는 데 기여할 수 있다.

한편, Liu 등 [22]은 랜덤한 무선 채널 변동, 신호 차단 및 사용자 이동에서 발생하는 도전과제에 대응하기 위해 AI 지원의 UAV 보조 무선 네트워크를 제안한다. UAV-지원 무선 네트워크(UAWN)에서 여러 UAV는 신속하게 변화하는 환경에 적응하기 위해 사용자 위치 정보 및 통신 트래픽 수요를 수집하고 환경 학습 및 사용자 만족도 피드백에 응답한다. 또한 AI는 떨어져 있는 여러 UAV의 협력을 가능하게 하여 시스템을 최적화한다. AI의 활용은 기존 방법의 한계를 극복하여 네트워크 성능, 신뢰성 및 적응성을 향상시킨다. UAWN의 아키텍처는 인공지능(AI)에 의존하여 사용자 정보를 처리하고 네트워크를 최적화한다. 빅데이터 분석과 머신러닝(ML) 기반 최적화 솔루션의 통합은 사용자에게 높은 서비스 품질을 제공하도록 한다. 목표는 인공지능(AI)를 통해 빠르게 변화하는 환경에 적응할 수 있도록 하는 것이다.

Rezwan과 W. Choi [23]는 복잡한 환경에서의 원격 조작의 한계를 해결하기 위해 인공지능(AI)를 자율 UAV 내비게이션에 활용하는 방법을 논한다. 이 논문은 수학적으로 유도된 최적화 방법 및 모델 기반 학습 방법을 포함한 다양한 AI 기법을 탐구하며 인공지능(AI)가 어떻게 구현될 수 있는지에 대한 이해를 얻기 위해 UAV의 특성, 분류, 내비게이션 프레임워크 및 실제 사용에 대해 검토한다. 이 논문은 자율 UAV 내비게이션에 사용되는 다양한 AI 알고리즘에 대한 포괄적인 설명을 제공하며 PSO 알고리즘, ACO 알고리즘, GA 알고리즘, SA 알고리즘, PIO 알고리즘, CS 알고리즘, A* 알고리즘, DE 알고리즘 및 GWO 알고리즘을 포함한다. 이 논문은 인공지능(AI)가 복잡하고 동적인 환경에서도 에너지 효율성, 비행 지속 시간 및 통신 지연을 향상 시키는데 얼마나 중요한지를 강조한다.

로봇의 자율적인 내비게이션을 위해 단안 카메라를 활용하는 것이 연구 커뮤니티에서 점점 더 인기를 얻고 있다. 논문 [24]은 이 방법을 사용하여 UAV와 접근하는 장애물 사이의 거리를 정확하게 평가하는 효율적인 방법을 제시한다. 이후 GPS 신호가 없는 낯선 지역에서 충돌이 없는 내비게이션이 구현된다. 이 방법은 투영 비전의 기본 개념을 기반으로 하며, 투영 중심이 객체에 더 가까워질수록 객체의 크기가 시야(Field of View, FoV)에 대한 상대적인 크기가 증가한다는 기본 개념에 기초한다. UAV에서 외부 바람이나 터뷸런스로 인한 부정확한 깊이 측정 문제를 해결하기 위해 상수 속도 기반 칼만 필터 모델을 사용하여 노이즈를 보정한다. 이후 조정된 깊이 측정에 따라 충돌을 방지하기 위해 제어 명령이 계획된다. SURF 스케일 불변 특징을 사용한 철저한 실험은 다양한 장애물에 직면할 때 88.6%의 전반적인 정확도를 제공한다.

표식은 UAV의 위치 결정, 내비게이션 및 착륙을 지원하기 위해 영리하게 배치된 물리적인 태그이다. 통합 카메라를 장착한 UAV는 이러한 표식을 시각적으로 감지하고 분석하며 얻은 정보에 기반하여 반응한다. 작업 [25]은 지속적인 시각적 접촉 없이 GPS가 거부된 환경에서 야외 UAV 내비게이션을 위한 표식을 조사한다. 이 해결책의 효과와 타당성은 물리적 구현 및 공식 분석 방법을 통해 평가된다.

논문 [26]은 UAV의 자세를 제어하기 위해 강화 학습을 활용하는 연구에 중점을 둔다. 현재 UAV 자율 비행 시스템은 주로 비례 적분 미분(PID) 제어 시스템을 사용하지만 불안정하고 험한 환경에서는 더 복잡한 제어 시스템이 필요하다. 이 논문은 강화 학습을 사용하여 UAV 자세 제어의 내부 루프를 개선하는 데 중점을 둔다. 본 연구에서 사용된 강화 학습 알고리즘에는 Deep Deterministic Gradient Policy(DDGP), Trust Region Policy Optimization(TRPO), Proximal Policy Optimization(PPO) 등이 포함된다. 저자들은 강화 학습을 통해 UAV 제어 시스템을 훈련시키기 위한 고도로 현실적인 시뮬레이션 환경을 개발했다. 그런 다음 강화학습을 사용하여 훈련된 제어 시스템의 성능을 PID 시스템과 비교하여 강화 학습이 정밀한 비행 제어 및 타이밍 요구 사항에 적합한지 여부를 결정했다. 결과는 강화 학습이 정확한 자세 제어기를 훈련시킬 수 있으며 PPO로 훈련된 제어기가 거의 모든 측면에서 완전히 조정된 PID 컨트롤러를 능가했다는 것을 강조한다.

논문 [27]에서는 이미지 정보를 활용하여 UAV의 움직임을 머신러닝 관점에서 추정하는 방법을 제시한다. 현재 대부분의 이미지 오도메트리 알고리즘은 기하학에 크게 의존하며 보정된 카메라 모델을 사용하여 시간이 지남에 따라 이미지 특징을 추적함으로써 상대적인(스케일) 움직임과 회전을 복원한다. 논문에서 제안된 방법은 이미지 구조와 차량 역학이 카메라 움직임에 미치는 영향을 학습하여 매개변수 모델이 필요하지 않도록 한다. 이는 Coupled GP라는 확장된 가우시안 프로세스 방법을 사용하여 달성되며, 이 방법은 교사 지도 방식으로 훈련된 상태에서 광학 흐름을 상대적인 움직임과 회전으로 매핑하는 기저 함수를 추론한다. 이미지 특징 매개변수는 입력으로 기능하며 선형 속도와 회전 각도는 비선형 멀티태스크 회귀 문제에서 출력으로 작용한다. 해당 논문은 또한 황무지를 비행하는 UAV가 촬영한 영상을 사용한 실험 결과를 제시하며, 이는 전통적인 이미지 오도메트리 방법에 대한 어려운 시나리오이다.

무인 항공기(UAVs)는 다양한 분야에서 여러 용도로 활용된다. UAVs는 접근이 어렵거나 위험한 지역을 모니터링하고 조사하는 데 사용될 수 있다. [그림. 27]과 같이 항공 사진촬영, 영화촬영, 지도 작업과 같은 멀티미디어 응용 프로그램의 증가와 함께 UAVs는 풍부하고 다양한 멀티미디어 콘텐츠를 수집하는 강력한 도구로 부상했다 멀티미디어 분야에서의 UAV 응용에는 공간 사진촬영, 영화촬영, 지오매핑 및 멀티미디어 데이터 처리가 포함된다 [28].

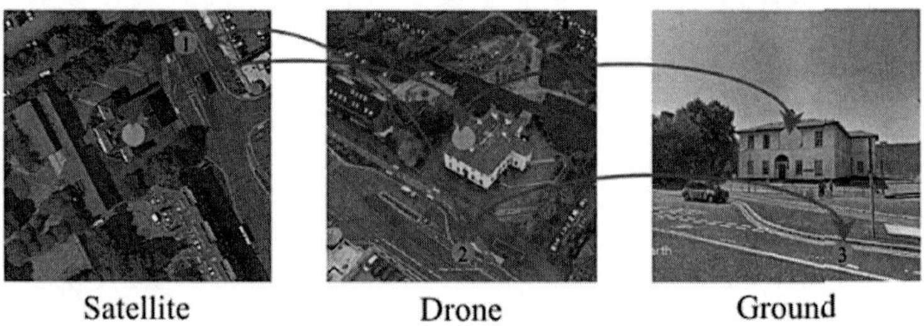

[그림. 27] UAV 조종 가능한 공간에서 정보 수집

본 논문은 물류 산업은 수요 급증으로 마지막 구간 소포 배송에 물류 트럭을 사용하는 추세이다. UAV는 잠재적인 대안을 제공하지만 비행 거리와 적재 용량의 제약으로 효과가 제한된다.

논문 [29]에서는 에너지 제한이 있는 UAV의 스케줄링을 크라우드 소싱된 버스를 사용하여 제안한다. UAV는 버스에 착지하여 무선 충전기를 사용하여 충전한 후 비행을 계속한다. 이 혁신적인 기술은 UAV의 비행 거리와 적재 용량을 향상시켜 더 경제적이고 환경적으로 지속 가능하게 만든다. UAV가 착륙 플랫폼으로 버스를 사용하는 UAV의 배송 일정 알고리즘과 에너지 중립 비행 원칙을 제안한다. 이를 통해 UAV는 에너지를 소비하지 않고 에너지 소모가 예측할 수 없는 버스 속도에서도 비행 궤적을 전략적으로 계획할 수 있다. 배송 일정 알고리즘은 창고 위치, 물류 UAV, 소포 위치 및 버스와 같은 요소를 고려하여 소포를 보낼 때의 타이밍과 양을 최적화한다. 대규모 버스 데이터셋을 사용한 포괄적인 평가를 통해 독특한 물류 UAV 일정 접근법이 우수함이 입증되었다.

SkyStitch

논문 [30]에서는 스티칭을 사용한 협력적인 다중 UAV 기반 실시간 비디오 감시 시스템인 SkyStitch를 제안하였다. 이 논문에서는 지상을 실시간으로 모니터링하기 위한 완전한 공간 시점을 제공하는 UAV 비디오 감시 시스템을 소개한다. 이 문제를 해결하기 위해 저자는 SkyStitch의 생성을 기획하고 실행했다. 이 비디오 감시 시스템은 여러 UAV를 활용하여 통합 및 파노라마 비디오 피드를 제공한다. 이는 드론이 촬영한 개별 비디오 스트림을 병합함으로써 달성된다. 논문[30]에서는 두 가지 주요 설계 과제에 대해 논의된다. 스티칭 절차의 상당한 계산 비용과 동적 환경에서 만족스러운 스티칭 품질을 보장하는 도전이다. 비디오 스티칭 프로세스의 속도와 우수성을 향상시키기 위해 저자들은 지상 국에서의 작업 부하를 줄이기 위해 분산 특징 추출과 같은 실용적인 전략을 사용하며 비행 컨트롤러의 권고 사항을 통합한다. 스티칭 및 상태 추정의 효율성을 향상시키기 위해 칼만 필터를 활용한 모델을 사용하여 물결을 감소시킨다 경험적인 결과는 SkyStitch가 현재의 성공한 기술보다 4배 빠른 스티칭 속도를 달성할 수 있으며 동시에 스티칭 프로세스의 품질을 향상시킬 수 있다는 것을 보여준다.

사물인터넷(IoT)

사물인터넷(IoT)은 다양한 지능형 장치를 인터넷에 연결하여 장치 자체에서 수행할 수 없는 컴퓨팅 활동을 활성화하는 중요한 기술이다. 이는 주로 중앙 서버 또는 펙 컴퓨팅과 같은 더 많은 계산 및 저장 용량을 갖춘 외부 장치로 이러한 활동을 전송함으로써 이루어진다. 그러나 사물인터넷 네트워크와 포그 플랫폼 간의 연결을 구축하는 것은 원격이거나 어려운 장소에서 어려울 수 있다. 논문 [31]에서는 이 문제를 해결하기 위해 UAV를 포그 노드로 사용하는 것을 제안한다. 시스템 컨트롤러(SC)는 전력 소비, 작업 손실 가능성 및 처리 지연을 고려하여 실행 중에 최적의 활성 CPU 수를 동적으로 결정한다. 강화 학습(RL)은 SC의 의사 결정 프로세스를 지원하는 데 사용된다. 모델의 사용을 시연하기 위해 수치 분석이 수행되어 CPU 수 및 CPU 클럭 속도에 대한 컴퓨팅 요소의 계산 용량을 결정한다. 한편, 분석은 제안된 프레임워크에 의한 성능 향상을 평가한다.

3.3. 무인 항공기 시스템(Unmanned Aircraft Systems) 동향

2000년대에 무인 비행기가 민간 항공공간에서 운용되기 시작함에 따라, 그들의 안전과 신뢰성을 강조하기 위해 여러 용어들이 등장했다. 이러한 용어에는 무인 항공기 시스템(UAS), 원격 조종 항공기(RPAS), 그리고 원격 조종 항공기 차량(RPAV) 등이 포함된다. 특히 RPAS라는 용어는 무인 비행기뿐만 아니라 그들을 제어하거나 지원하는 시스템까지 포괄하며, 그들의 항공 기술적 특성을 더욱 강조한다. UAS 시스템은 유인 항공기와는 다른 조건에서 운용되므로, UAS의 우주-지상 통신 채널은 전통적인 채널 모델과 크게 다를 수 있다. 무인 항공기는 경찰활동부터 영화 제작, 수색 및 구조, 산업 및 과학 응용 분야에 이르기까지 다양한 분야에서 급속히 성장하고 있다. 이에 따라 UAS의 통신 성능 요구사항이 신뢰성과 안전 측면에서 중요해지고 있다. 미국의 NASA는 UAS를 통합하는 데 관련된 기술적 문제를 연구하기 위한 '국가 항공 공간 시스템에서 UAS 통합' 프로그램을 시작했다.

한편, 논문 [32]은 시야(LOS), 음영 및 다중경로 반사(MPCs) 효과와 같은 주요 구성 요소를 포함한 우주-지상 통신 채널의 기본적인 특성을 제시했다. 또한, LOS 구성 요소와 지면 반사에서의 반사를 포함하는 두 빔 모델 및 곡선 지형에 적합한 CE2R과 같은 기본적인 모델에 대해 다루고 있다. [33]에서는 미국과 전 세계적으로 무인 항공기의 활발한 개발이 제안되고 있다. 무인 항공기의 적극적인 응용은 목숨을 구할 수 있는 잠재력이 있으며 안전과 성능을 향상시키고 보다 효과적인 과학 및 공학 연구를 지원할 수 있다. 그러나 무인 항공기는 컴퓨터 및 통신 기술에 대한 의존도가 증가하면서 국가 안보, 공공 안전 및 개인 프라이버시를 위협하는 위험에 직면하고 있다.

UAS에 대한 3GPP 관점의 통신 표준은 논문 [34]에서 연구되었다. 이 논문은 무인 항공기의 원격 조종이나 자율 비행 제어를 위한 안정적이고 만연한 무선 연결을 제공하는 데 중점을 둔다. 이는 UAS 네트워크를 연결할 수 있도록 하는 표준 활동을 제시한다.

또한, 항공 통신을 위한 요구 사항, 기술 및 프로토콜을 정의하는 데 3GPP의 역할을 개요로 제시한다. 3GPP 표준은 UAV를 4G 및 5G 이동 통신망에 통합할 수 있게 한다. 마지막으로 저자들은 세포 네트워크를 통한 무인 항공기의 원격 식별과 제어를 포함한 UAV 통신 요구 사항 및 해결책을 제안한다.

논문 [35]에서는 고정익 UAS 네트워크의 측정에 중점을 둔 연구를 논의하고 있다. 이 연구는 현대 UAS의 성능을 두 날 동안 측정함으로써 진행되었다. 데이터는 특히 고정익 UAS 시스템에서 얻었다. 방향성 및 전방향 안테나의 성능에 대한 평가가 확장된 거리를 통해 이루어졌다. 그들은 더 어려운 성능 도전을 제공하는 엣지 케이스에 특히 중점을 두었다. 결과는 비행의 동적 특성, 고정익 UAS의 방향, 네트워크 다양성 등이 네트워크 성능에 영향을 미치는 가치 있는 통찰력을 제공한다. 무인 항공기 네트워크에 대한 장거리 연구 및 군용 통신 장비의 활용에 대한 탐구는 미래의 UAS 네트워크 응용에 대한 유망성을 가지고 있다.

도시 항공 이동성은 여러 유인 및 무인 항공기가 도시 내에서 인적 및 상품을 운송하는 개념으로, 미래 지향적인 교통 솔루션으로 점점 더 인식되고 있다. 도시 공간에서 안전한 항공 교통 관리를 보장하는 것이 이루어지기 위해서는 실시간으로 구현할 수 있는 신속한 자율적인 솔루션이 필수이다. 논문의 저자들은 러닝-앤-플라잉(LNF)이라는 프레임워크를 제안하여 다중 UAS 충돌 회피에 대한 것이다. 이 시스템은 분산형이며 실시간으로 작동하며 여러 운영자에 의해 제어되는 자율 UAS가 신호 시간 논리를 사용하여 공통 공간에서 복잡한 미션을 수행할 수 있도록 한다. 연구자들은 먼저 두 무인 항공 시스템(UASs) 간의 충돌 회피를 예측하는 문제를 혼합 정수 선형 프로그램으로 정의했다. 그들은 이 문제를 실시간으로 해결하는 것이 어렵고 비실용적임을 시범적으로 보여주었다. 광범위한 시뮬레이션은 이 기술이 밀리초의 계산 시간으로 온라인에서 실행될 수 있음을 보여준다.

3.4. 드론 착륙 및 드론 착륙 지점 (Drone Landing and Drone Landing Site) 동향

드론 착륙 및 드론 착륙 지점에 대한 연구는 드론 운영의 안전성과 효율성을 보장하기 위한 중요한 분야이다. 이전 연구들은 몇 가지 중요한 측면에 중점을 두었다. 먼저, 드론 착륙 과정에 관련된 기술적 요소를 탐구했다. 둘째, 착륙 지역 주변 환경을 고려했다. 셋째, 드론 착륙을 지원하기 위한 새로운 기술을 조사했다. 마지막으로 드론과 착륙 지역 간의 호환성을 조사했다.

논문 [37]은 단안(Monocular) 이미지를 기반으로 UAV(무인 항공기)의 안전한 착륙 지역을 감지하는 방법을 제시하였다. 이 방법은 정밀한 위치 및 각도 센서가 필요하지 않지만 2D 이미지 투영과 3D 평면 간의 관계를 활용한다. 견고한 호모그래피 추정과 등록된 이미지 간의 적응형 상관 임계값을 결합하여 인식된 수평 평면 영역을 나타내는 무작위 그리드를 업데이트한다. 이 그리드는 다양한 고도에서 수집된 데이터를 통합할 수 있다. 이 방법은 호모그래피를 추정하기 위한 강력한 방법을 사용하며 상관된 등록된 이미지에 적용할 적절한 임계값을 자동으로 결정한다. 결과는 확률적인 그리드 데이터 구조에 유지되어 지형 위에 여러 번에 걸쳐 병합될 수 있으며 착륙 지점을 비평면적 또는 비평면적으로 식별할 수 있다. 식별 결과는 다음의 [그림. 28]과 같다.

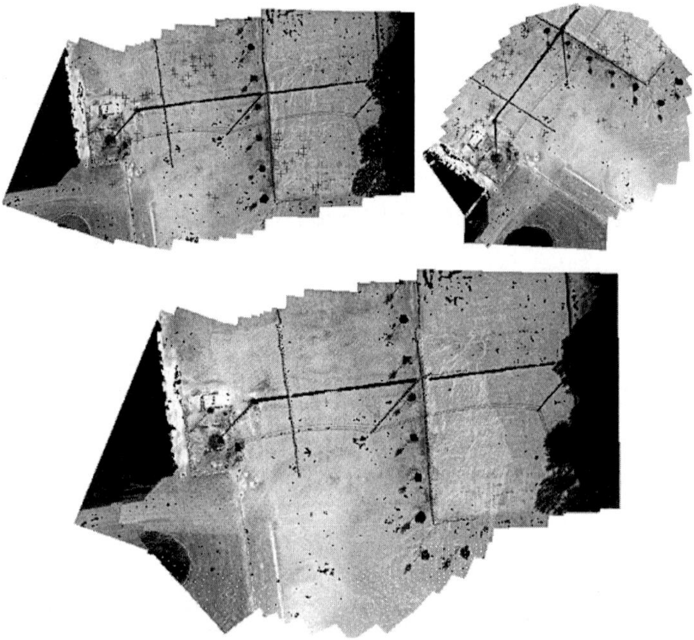

[그림. 28] 두 그리드 결과에 연관된 모자이크
(Mosaics associated to two grids results)

논문 [38]은 특히 인구 밀집 지역에서 드론 착륙 지점을 감지하는 자동화 시스템의 중요성을 제시한다. 시야 기반 및 이미지 기반 전략을 포함한 여러 방법이 착륙 지역을 식별하기 위해 제안되었다. 제안된 방법은 Google Earth에서 획득한 위성 이미지를 활용하고

색상 및 질감과 같은 독특한 속성을 추출한다. 지지 벡터 머신 방법은 이러한 속성을 사용하여 이미지 내에서 적절한 착륙 영역을 식별한다. 여러 조합을 테스트한 결과, Canny Edge Detection과 HSV 색상 모델을 함께 사용하는 것이 가장 최적의 결과를 도출했다. 입력 이미지와 해당 지상 실측과 함께 착륙 지점 감지 결과는 [그림. 29]에 나와 있다.

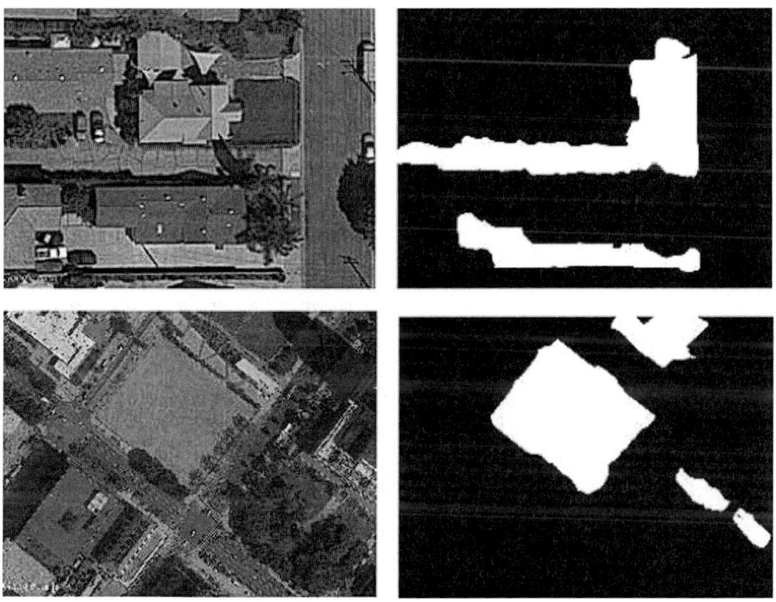

[그림. 29] 해당 지상 실측과 함께 입력 이미지

논문 [39]은 자율 UAV(무인 항공기)를 위한 시각적 착륙 지점 선택 시스템과 현재까지 이루어진 결과를 개요로 제시한다. 강제 착륙 문제는 UAV에 대한 새로운 연구 분야이며, 본 논문은 컴퓨터 비전

기반 접근 방식이 이 문제를 해결하는 방법을 보여준다. 결과는 Cessna 172 무인 항공기에서 수행된 비행 시험 중에 촬영된 우주 이미지를 기반으로 한다. 이 연구의 목적은 우주 이미지를 사용하여 UAV를 위한 잠재적인 착륙 지점을 식별하는 것이다. 적절한 착륙 지역은 표면 유형에 따라 90% ± 3%의 정확도로 식별 및 분류된다(98% 신뢰도). 또한, 이 시스템은 테스트 단계에서 장애물이 없고 넓은 착륙 지역을 92.3% ± 2%의 확률로(95% 신뢰도) 성공적으로 식별했다.

논문 [40]은 사전 비행 사건 계획에서 사용되는 직사각형 활주로의 모양에 따라 비상 착륙 위치를 찾기 위한 오프라인 반자동 방법을 개발했다. 이 방법은 다섯 가지 비상 착륙 조치 및 표면 유형 추정을 소개하며, 이를 식별된 비상 착륙 지점에 적용하여 안전성을 평가한다. 결과는 각 표면 유형에 대한 전반적인 안전 점수를 통해 가장 안전한 위치에서 가장 안전하지 않은 위치로 나열된 비상 착륙 위치 목록과 그 표면 유형의 추정을 제시한다. 이 방법은 UAV의 전력 손실 및 해당 지역의 바람 예보에 따라 고도 및 좌표를 기반으로 바람이 불어오는 상태에서의 접근 가능성에 따라 등급이 매겨진 착륙 지점 후보를 식별할 수 있다. 이는 다음 [그림. 30]에서 확인할 수 있다.

이 시스템은 Landsat으로부터 얻은 고해상도 토지 피복 정보를 통합하거나 지정된 지역에 대한 자체 표면 피복 지도를 생성한다. 또한, 궤적 설계를 통한 회전 경로, 고도 손실이 있는 경로 및 최종 접근 경로에 대한 정밀한 접근성 분석을 수행한다. 이 접근 방식은 무인 항공기(UAVs)의 사전 비행 예외 계획에서의 공백을 채우며 독특하게 설계 되었다. 착륙 지점을 자동으로 감지하기 위한 소프트웨어 프로토타입이 개발 되었으며, 현재 이 접근 방식을 기체 내 사용에 맞게 사용자 정의하는 노력이 진행 중이다.

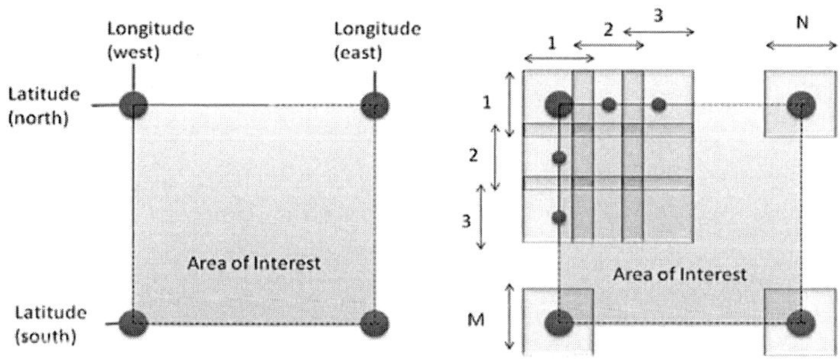

[그림. 30] 착륙지점 후보 선별

논문 [41]은 허준호 교수가 대한민국 산악 지역에 전력선 통신(PLC) 제어 클러스터를 통합한 드론 착륙 공항의 프레임 디자인을 SCI 논문지인 Sensors에 게재한 내용을 담고 있다. 드론에 의한 화물 운송이 증가하고 이 활동의 안전성을 보장하기 위해 산악 지역에 드론 착륙 공항을 운영하기 위한 인터넷 케이블 시스템을 설치하는 것은 비용적인 어려움이 있었다. 따라서 본 논문은 산악 지역에 대한 PLC 유선 통신 시스템을 사용하는 것을 권장한다. 이 논문은 번개에 대한 내선 기류 내성 빈게 차단 막대 및 설치된 모니터링 시스템을 사용한 낙뢰(번개) 회피 알고리즘을 소개한다. 이 알고리즘과 샘플 프로그램은 C++ 프로그래밍과 파이썬 Java 안드로이드 언어를 사용하였다. [그림. 31]은 허준호 교수가 제안한 시스템 및 알고리즘이다.

[그림. 31] 드론 착륙지점

만약 번개가 지점 (h)에 타격한다면 해당 지역 주변의 전압은 매우 높아질 것이다. 대부분의 통신 시스템은 통신 및 네트워킹 공학의 논리를 따라 통신 거리를 기반으로 통신의 우선순위를 설정하려고 노력하지만, 지점 (h)로부터 가장 먼 통신 시스템은 통신이 중단되거나 문제가 발생했을때 다른 시스템보다 우선권을 가진다. 대한민국은 작은산이 많은 반도 국가로, 200m에서 2000m(최대 PLC 통신 범위)의 통신 범위를 갖는 여덟 개의 단말을 가진 시스템이 구축하였다. 사실, 산간 지역에서 220V PLC 시스템에는 이전에 삼상, 사선법이 사용 되었지만, 이는 번개 타격으로 인해 많은 시스템 고장 및 화재를 유발했다. 제안된 구성은 이러한 문제를 피하기 위해 설계 하였다. 대한민국에서는 주로 6월부터 7월까지 습도가 높아 PLC 모뎀이 고장나는 여름 계절이 있다. 특히 선박용 PLC는 접지가 필요하지 않았지만 산악 지역에서는 접지가 필수적이므로 대한민국에서 개발된 새로운 유형의 낙뢰 로드가 기존 것 대신 사용되었다. 저자는 이 알고리즘을 "낙뢰 회피 알고리즘"이라고 명명 하였다. 만약 번개가 지점 (h)에 타격한다면, (a)는 타격 후 2~3시간 동안 (e), (f), 및 (g) 대신 통신에 사용될 것이다. 연구에는 또한 각 운영 기지의 번개 보고서를 기반으로 한 드론의 비행 경로를 변경할 수 있는 지능형 시스템도 포함되어 있다.

논문 [42]은 경량 딥 뉴럴 네트워크를 사용하여 UAV의 자동 착륙 안전성을 보장하는 방법을 소개한다. 논문은 전형적인 UAV의 제한된 계산 자원에서 실행할 수 있는 경량 컴퓨터 비전 모듈을 기반으로 한 UAV의 안전한 착륙을 위한 내비게이션 시스템을 제안한다. 사전 훈련된 딥 뉴럴 네트워크는 기본적인 구성 요소로 주로 사용되며, 딥 러닝은 물체 감지, 추적 및 의미론적 이미지 분할과 같은 관련 작업의 성능을 크게 향상시켰다. 적합한 착륙 지역을 결정하는 데에는 시각 정보 또는 3D 지형 정보를 사용할 수 있다. Octomap 또는 DEM과 같은 데이터 구조를 활용한 착륙 위치 감지에는 여러 가지 방법이 있다. 비디오 이미지를 기반으로 하는 인간 감지에는 R-CNN 또는 YOLOv2 아키텍처를 기반으로 하는 합성곱 신경망 (CNN)을 사용한 방법이 적용 되었다. 마지막으로 의미론적 이미지 분할에서는 이미지의 각 픽셀에 클래스 레이블을 할당하는데 이 방법이 사용된다. 제안된 시스템의 시뮬레이션 환경에서의 평가는 매우 긍정적인 결과를 나타낸다.

논문 [43]은 LiDAR 포인트 데이터를 기반으로 UAV의 안전한 착륙 위치를 선택하는 방법을 제시한다. 이 방법은 주성분 분석(PCA) 및 영역 성장 알고리즘을 사용하여 평평한 지역을 감지한 다음 개선된 점진적 샘플 일치(PROSAC)를 사용하여 환경의 복잡성을 평가하기 위해 평면 적합을 수행한다. 착륙 영역 내에서 가장 적합한 착륙 위치는 환경의 복잡성을 기반으로 선택된다. PCA 및 향상된 영역 확장 알고리즘은 3D 포인트 클라우드의 특성을 기반으로 착륙 영역 내에서 큰 평평한 영역을 신속하게 감지하는 데에 사용되었다. 도시 및 자연 환경의 모의 데이터 포인트를 사용하여 시뮬레이션 실험을 수행하였으며, 실험 결과는 착륙 지역이 성공적으로 분류되고 선택된 착륙 위치가 안전 요건을 충족시키는 것을 보여주어 제안된 방법의 효과성과 실행 가능성을 입증한다. 착륙 지점 선택 및 포인트 분류 결과는 다음 [그림. 32]와 같다.

논문 [44]에서는 무인 항공기(UAVs)의 안전한 착륙을 보장하기 위해 지정된 착륙 위치를 확인하고 자동으로 보정하는 방법을 제시한다. 해당 논문은 항공 비전 시스템과 완전 합성곱 신경망을 사용하여 착륙 지점의 마커를 인식하고 객체를 감지하는 방법을 소개한다. 논문은 또한 완벽한 착륙 궤적을 위해 드론의 자동 위치 보정 알고리즘을 개발한다. 비행기의 기체 내 촬영 센서 및 중력 측정 장치(IMU)에서 나온 정보는 완벽한 착륙 궤적을 추정하는 데 사용된다. 제안된 방법을 테스트하고 최적화하기 위해 여러 실험이 수행된다.

[그림. 32] 착륙 지점 선택 및 지점 분류 (Landing site selection and point classification)

논문 [45]에서는 낯선 환경에서의 UAV의 자율 착륙을 위한 종합적이고 독창적인 아키텍처를 소개한다. 이 접근 방식은 계층적 세분화 기술을 사용하여 포인트 클라우드 데이터를 순차적으로 분석한다. 이 프레임워크는 유연성을 우선시하도록 설계되었으며 포인트 클라우드 전처리, 거친 착륙 지점 선택, 정교한 지형 평가 및 착륙 최적화 모델로 구성되어 있다. 전처리 단계에서는 잡음을 동시에 걸러내고 3D Octo-map을 생성하며 원시 포인트 클라우드 데이터를 기반으로 경로를 계획하는 복합적인 방법을 사용한다. 격자 지도의 다단계 프로세스는 착륙 시스템의 정확성과 실시간 성능 사이의 균형을 맞추면서 가장 유망한 거친 착륙 위치를 자동으로 선택한다. 거친 단계 결과는 다양한 지형 요인을 고려하여 세부적인 3D 검증을 생성하며 착륙 안전성을 향상시킨다. 마지막으로 독특한 착륙 최적화 모델은 지형 조건, 연료 소비 및 착륙 검증을 고려하여 하강 단계에서 가장 적합한 착륙 지점을 결정한다. 논문은 이러한 모듈에 대한 자세한 설명을 제공하며 다양한 실제 및 알려지지 않은 환경에서 수행된 성공적인 실험을 제시한다. 결과는 이 방법이 UAVs에 대한 안전한 착륙 위치를 신뢰성 있게 선택할 수 있다는 것을 보여준다.

3.5. 드론에서 사용되는 알고리즘 (Algorithms used in Drones) 동향

무인 항공기 및 UAVs에서는 다양한 기능과 응용 프로그램을 용이하게 하기 위해 다양한 알고리즘이 사용된다. 알고리즘은 많은 작업 및 작전에서 드론 및 UAVs의 적응성, 효율성 및 보안을 향상시키는 데 중요하다. 주목할 만한 알고리즘에는 Visual Odometry(VO), Simultaneous Localization and Mapping(SLAM), Path Planning, Object Detection 및 Control Algorithms이 포함한다.

먼저 Visual Odometry(VO) 기술은 UAV의 카메라에 의해 캡처된 시각 데이터를 사용하여 UAV의 3차원 동작을 정확하게 예측한다. 이는 UAV가 GPS 센서에 의존하지 않고 위치와 동작을 판단하는 데 도움이 된다. SLAM은 위치 측정과 지도 구축을 통합하는 실시간 기술이다. UAV는 주변의 3차원 표현을 생성하고 동시에 해당 표현 내에서 자신의 위치를 설정할 수 있다.

논문 [47]에서는 단일 비전을 기반으로 한 다중 UAV SLAM 시스템에 대한 새로운 아키텍처를 제안한다. 이 시스템은 여러 작은 UAV를 독립적인 에이전트로 사용하여 환경을 탐험하고 지도를 작성한다. 각 UAV는 제한된 메모리로 SLAM 알고리즘을 실행하고 수집된 정보를 고성능 중앙 서버로 전송한다. 알고리즘은 각 UAV가 주변을 자동으로 탐험하면서 이동하고 사진을 찍음으로써 시작된다. 한편, 각 이미지는 특징을 추출하고 중요한 프레임을 나타내는 키프레임을 생성한다. 이 키프레임은 지도를 작성하고 위치를 추정하는데 사용된다. 키프레임은 특징 포인트와 그 사이의 연결이 저장된 전역 맵으로 조립되어 [그림. 33]에서 시각화 된다.

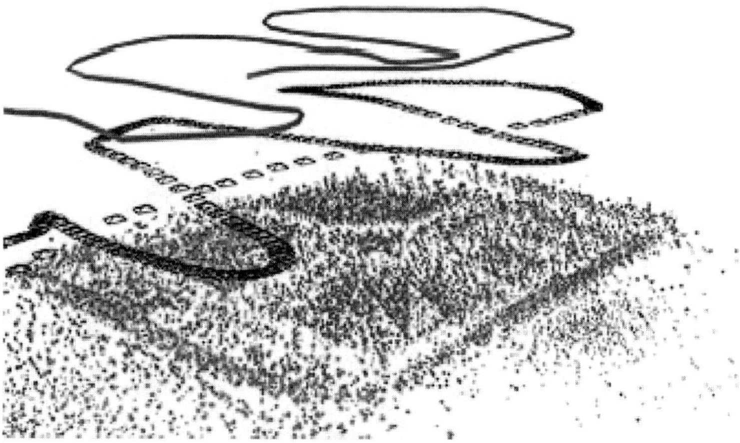

[그림. 33] 지도는 VO에 의한 에이전트 추정을 보완
(The map is augmented agents estimation by the VO)

동시에 각 키프레임은 이미지가 촬영된 시간에 대한 UAV의 상대적인 위치에 관한 정보를 보유하고 있다. 각 UAV가 이동하고 정보를 중앙 서버로 전송할 때 서버는 모든 UAV의 지도를 관리하고 업데이트 한다. 서버는 지도 풀링, 최적화 및 정보를 UAV에 다시 배포하는 프로세스를 수행한다. 이를 통해 각 UAV는 다른 UAV의 정보를 사용하여 자신의 위치 및 매핑 추정을 향상시킬 수 있다. 이 알고

리즘은 키프레임 및 UAV와 중앙 서버 간의 통신 메커니즘을 결합하여 다중 UAV SLAM을 실현한다. 논문에서 실험 결과는 많은 UAV가 있는 실제 시나리오에서 지도를 구축하고 동시에 위치를 추정하는 알고리즘의 실행 가능성과 효과를 보여주었다.

논문 [48]에서는 UAV에서 SLAM 알고리즘을 이용한 구현을 제시한다. 저자들은 이를 위해 이질적인 시스템에서 VoSLAM 알고리즘을 OpenCL 병렬 프로그래밍을 사용하여 UAV에 구현하는 것을 제안한다. 시스템은 DE1-Soc 아키텍처와 OpenCL 병렬 프로그래밍을 사용하여 실시간 농업 응용에서 습도 제어를 실현한다. DE1-Soc 아키텍처는 이미지 처리 및 UAV로의 데이터 전송을 통한 습도 제어를 가능하게 한다. 이는 UAV의 센서에서 얻은 이미지 데이터를 사용하여 환경의 지도를 작성하고 동시에 위치를 결정할 수 있게 한다.

두 번째로, 경로 계획 알고리즘은 UAV가 초기 위치에서 목표 위치로 효율적인 경로를 결정하는 데 도움을 준다. 이때 장애물을 피하고 비용을 최소화한다. 일반적으로 사용되는 알고리즘에는 A* 알고리즘(A* Algorithm), 다익스트라 알고리즘(Dijkstra A* Algorithm) 및 RRT(Rapidly-Exploring)이 포함된다.

논문 [49]에서는 UAV가 대상을 모니터하고 추적하기 위해 UAV의 경로 계획 문제를 제시한다. 기존 접근 방식은 UAV의 움직임을 미리 지정된 대상을 따르도록 관리하기 위해 흔히 요 방향 제어 알고리즘을 사용한다. 그러나 이 방식은 의도한 목표 달성까지 시간이 오래 걸리고 추적 안정성이 부족한 단점이 있다. 따라서 이 논문에서는

A* 알고리즘의 향상된 버전을 활용한 경로 계획 접근 방식을 제안한다. 실험 시뮬레이션을 통해 논문에서 제안된 알고리즘은 이전 알고리즘보다 더 빠르게 원하는 거리에 수렴하며, 편차가 적고 추적 효율이 향상된다.

논문 [50]에서는 A-star 및 RRT-star 알고리즘을 결합하여 UAV용 경로 계획 시스템을 구축했다. A-star 알고리즘은 최적 경로를 계산할 수 있지만 먼저 지도를 래스터화해야 하므로 실행 시간이 오래 걸린다. 지도가 변경되면 A-star 알고리즘이 빠르게 새 경로를 찾을 수 없다. 이 문제를 해결하기 위해 본 연구는 A-star 및 RRT-star 알고리즘을 결합하여 UAV용 경로 계획 시스템을 제안한다. 이 시스템은 UAV에 최적의 경로를 제공하면서 미리 계획된 경로를 사용할 수 없는 짧은 기간 동안 임시 경로를 생성할 수 있다. UAV가 미션을 시작하기 전에 래스터화된 지도에서 A-star 알고리즘을 사용하여 최적 경로를 계획한다. UAV의 미션 중에는 환경의 장애물 변화로 인해 미리 계획된 최적 경로를 사용할 수 없게 되면 RRT-star 알고리즘을 사용하여 임시 경로를 빠르게 생성하여 장애물을 피하고 목적지에 도달한다. 이 조합은 UAV가 건물과 같은 장애물이 자주 바뀌지 않는 도시 환경과 같은 환경에서 더 큰 적응성을 제공한다.

다이스트라 알고리즘(Dijkstra Algorithm)은 UAV의 지정된 시작 노드와 네트워크 내의 모든 다른 노드 사이의 최단 경로를 결정하기 위해 사용되는 그래프 탐색 알고리즘이다 [51-53]. 이 알고리즘은 최소 비용으로 노드를 점진적으로 확장하여 최단 경로를 나타내는 트리를 구성한다. 알고리즘은 시작 노드의 비용을 제로로 초기화하고 이후에는 각 인접 노드의 비용을 연결된 가중치에 따라 조정한다. 목표 노드를 찾거나 모든 접근 가능한 노드를 탐색할 때까지 이 프로세스를 반복한다. 다익스트라 알고리즘(Dijkstra Algorithm)은 가중 그래프에 대해 사용될 때 가중치가 큰 그래프에서는 상당한 처리 비용이 들 수 있다.

한편, Rapidly-Exploring Random Tree(RRT) 방법은 무인 항공기(UAVs)의 궤적 계획에 자주 사용된다 [54-56]. RRT는 유용한 경로를 생성하기 위해 UAV의 설정 공간을 효과적으로 탐험하는 샘플링 기반 방법이다. 무인 항공기(UAVs)에 대한 Rapidly-exploring Random Tree(RRT) 알고리즘은 초기 구성에서 원하는 구성으로 트리 구조를 점진적으로 확장하는 방식으로 작동한다. 이 절차는 UAV의 초기 구성을 트리의 루트로 지정하여 시작한다. 그런 다음 구성 공간 내에서 새로운 배열을 확률적으로 선택하고 트리를 확장하여 새로운 배열을 트리 내의 가장 가까운 기존 배열에 연결한다.

세 번째로, UAVs에서는 이미지 처리 및 컴퓨터 비전을 사용하여 UAV의 카메라 또는 비전 센서에서 얻은 이미지 데이터를 처리하고 분석하는 데 활용될 수 있다. 물체 감지, 물체 추적 및 사진에서의 지도 생성과 같은 알고리즘을 사용하여 UAV의 환경에 관한 정보를 수집하고 코스 계획에 대한 판단을 돕는다. 물체 감지 알고리즘을 사용하면 UAVs는 사진이나 동영상에 나타난 물체를 인식하고 감지할 수 있다. 일반적으로 사용되는 기술에는 Haar cascades, HOG(Histogram of Oriented Gradients) 및 YOLO(You Only Look Once) 및 SSD(Single Shot MultiBox Detector)와 같은 딥러닝 기반 접근 방식이 포함된다. UAV의 움직임을 제어하기 위해 PID (Proportional-Integral-Derivative) 및 MPC(Model Predictive Control)와 같은 제어 알고리즘은 고도, 비행 방향 및 속도 조절과 같은 목표를 달성하기 위해 사용된다.

마지막으로, 센서에서 수집된 정보와 경로 계획의 결과는 분석 및 합리적인 결정을 위해 활용된다. 칼만 필터, 입자 필터, 신경망 및 의사 결정 알고리즘과 같은 알고리즘 및 기술은 UAV의 상태를 평가하고 미래 이벤트를 예측하며 장애물을 식별하고 경로 계획에 대한 결정을 내리는데 사용될 수 있다.

3.6. 결론

실제 환경에서 UAS는 주변 환경 및 UAS 상태에 대한 정보를 수집하기 위해 센서로 장착되어 있다. 센서는 일반적으로 가속도계, 자이로스코프, 나침반, 공기 압력 센서 및 GPS를 포함한다. 이러한 센서에서 수집된 정보는 비행 중에 UAS를 조절하고 제어하는 데 사용된다. 또한, 실제 환경에서의 현실적인 정보도 수집될 것이다. 이러한 데이터는 시뮬레이션 부서로 전송된다. 여기서 센서에서의 데이터는 처리되고 계산되며 분석되어 UAS의 비행 상태를 유지하거나 변경하기 위한 제어 명령을 실행하기 위한 결정을 내린다. 주요 컨트롤러는 고도, 방향, 속도 조절 및 UAS의 다른 구성 요소를 어떻게 제어할지와 같은 기본 비행 기능을 모니터하고 제어한다. 제어 시스템에는 UAS가 안정적으로 비행하고 제어 명령에 따라 움직이도록 하는 알고리즘과 제어 방법이 포함되어 있다. UAS의 비행 상태를 유지하거나 변경하기 위한 제어 명령은 제어 액추에이션을 통해 서보의 위치 또는 속도를 결합하여 수행한다.

UAS는 통신 장치를 사용하여 UAS와 원격 제어 시스템 또는 이 시스템의 다른 장치 간에 데이터를 전송한다. 표준 통신 기술에는 무선, Wi-Fi, LTE 또는 군용 통신 기술이 포함된다.

UAV 시스템에 대한 결론에 대한 그래픽 초록(Graphical Abstract)은 아래의 [그림. 34]에서 제시되었다.

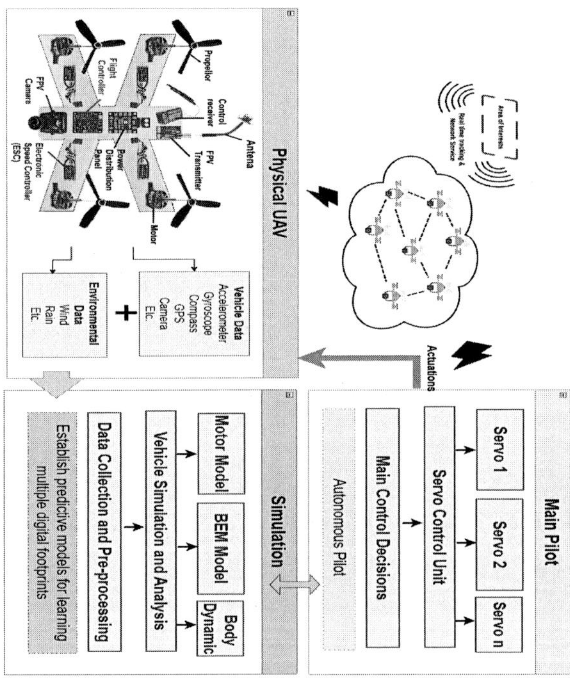

[그림. 34] 그래픽 초록 (Graphical Abstract)

읽을거리

드론의 새로운 모습과 미래

본 저서는 기본서라 유인드론에 대하여 다루지 않았지만 2020년 1월 7일 대한민국 현대차그룹에서 CES 2020에서 [그림. 35]과 [그림. 36]과 같이 공개한 역동적 미래 도시 구현을 위한 현대자동차의 인간 중심의 미래 모빌리티 비전 세 가지를 설명하고자 한다.

① UAM(Urban Air Mobility : 도심 항공 모빌리티)

도심 항공 모빌리티(UAM: Urban Air Mobility)는 대한민국의 현대자동차그룹(Hyundai Motor Group)이 도시 공간에서의 이동을 혁신적으로 변화시키기 위해 제안한 대안적인 이동 수단이다. 이 시스템은 차량과 달리 공중을 날아 다닐 수 있는 차세대 항공 운송 시스템으로, 고밀도 도시 지역에서의 교통 혼잡 문제를 해결하고자 한다.

② PBV(Purpose Built Vehicle : 목적 기반 모빌리티)

목적 기반 모빌리티(PBV: Purpose Built Vehicle)는 특정 목적에 맞게 디자인된 차량을 의미한다. 이러한 차량은 다양한 용도에 맞게 제작되며, 공유 이동 서비스나 특수 용도 이동 수단으로 활용될 수 있다. PBV는 효율적이고 유연한 이동 수단으로서의 역할을 수행하여 도시의 이동성을 증진시키는데 기여한다.

③ Hub(모빌리티 환승 거점)

모빌리티 환승 거점(Hub)은 다양한 이동 수단을 통합하고 연결하는 중심 지점으로, 이동 수단 간의 원활한 이전을 지원한다. 이는 도시 내에서의 효율적인 이동을 돕고, 대중 교통 시스템의 연계성을 강화하여 도심 교통 체계를 효율적으로 운영하는데 도움이 된다.

이러한 미래 모빌리티 비전은 현대차그룹이 도시의 미래를 모색하고, 혁신적인 모빌리티 솔루션을 제시하고자 하는 의지를 반영하고 있다.

CES 2020 현대자동차 미래도시 스마트 모빌리티 솔루션-Smart Mobility Solution Provider for Human Centered Cities (full)

[그림. 35] CES 2020 현대자동차 미래도시 스마트 모빌리티 솔류션

출처: 현대자동차 공식 유튜브 https://www.youtube.com/watch?v=b4nQWG5z_z8

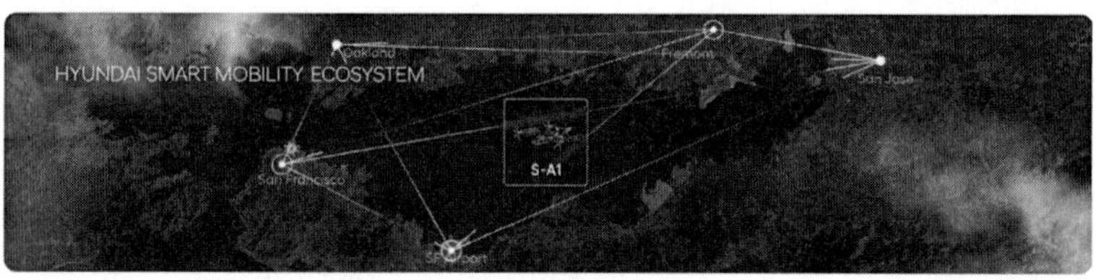

Mobility Solutions | Hyundai at CES 2020

[그림. 36] 현대 시마트 모빌리티 에코시스템

출처: 현대자동차 공식 유튜브 https://www.youtube.com/watch?v=b4nQWG5z_z8

연습문제

1. 드론의 구성요소 및 아이디어 동향에 대하여 설명하시오.

2. 무인 항공 기기(Unmanned Aerial Vehicles) 동향에 대하여 설명하시오.

3. 무인 항공기 시스템(Unmanned Aircraft Systems) 동향에 대하여 설명하시오.

4. 드론 착륙 및 드론 착륙 지점(Drone Landing and Drone Landing Site) 동향에 대하여 설명하시오.

5. 드론에서 사용되는 알고리즘(Algorithms used in Drones) 동향에 대하여 설명하시오.

04-기본내용
드론 촬영과 편집

4.1. 드론 촬영과 활용

드론(Drone)은 제조(Manufacturing), 소프트웨어(Software), 센서(Sensor), 배터리(Battery), 컨트롤러(Controller), 항공(Aviation)등 다양한 산업생태계로 구성되며 컴퓨터공학, 제어공학, 전자공학, 기계공학, 항공학 등과 연관되는 융복합 기술의 집합체이다. 최근 드론은 [그림. 37]과 같이 드론 카메라(Drone Camera)로 촬영을 통해서 획득된 데이터를 토대로, 해양하천, 농업임업, 방재재난, 방송촬영, 건설토목, 운송 등 다양한 분야에서 활용되고 있다. 사물과 사람이 서로를 인식하여 정보를 주고받는 사물인터넷(IoT)을 생활화하는 스마트시티(Smart City)와 주택, 건축, 토목, 플랜트(Plant) 등 각종 건설현장의 스마트건설에서 위치기반 서비스로 활용되고 있고, 드론이 촬영한 이미지 데이터를 3차원 데이터로 가공 및 분석하여 시공계획 시뮬레이션을 구동시켜서 주변 지형을 측량하거나 공사현장의 진행상황을 분석하는 등에 활용되고 있다.

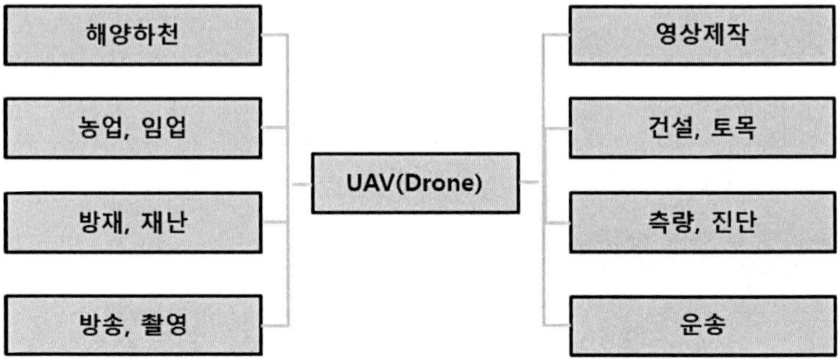

[그림. 37] 드론의 응용분야

또한, 교량의 안전진단, 원유저장탱크 안전진단(저유소 안전진단), 송유관 안전진단, 송전탑 안전진단 등 국내에서도 교량 및 해상설비의 안전진단시 드론을 이용하여 효율적으로 관리하고 있다. 예를 들어 [그림. 38]의 드론을 사용한 교량 안전 진단은 현대 기술이 적용된 고도의 방법이다. 이 방법은 고해상도 카메라, 센서 및 LiDAR(라이다)와 같은 센싱 기술을 장착한 드론을 사용하여 교량의 구조적 결함이나 손상을 감지하는 것을 포함한다. 드론은 인간이 접근하기 어려운 부분까지 도달하여 시각적 및 기계적 정보를 수집할 수 있다. 이러한 데이터는 컴퓨터 비전 및 데이터 분석 기술을 사용하여 교량의 상태를 평가하고 안전 문제를 식별하는데 사용될 수 있다. 그리고 이러한 안전진단은 정기적인 교량 점검에 비해 더 빠르고 효율적으로 문제를 식별할 수 있으며, 작업자들의 안전을 보장한다.

[그림. 38] 드론을 이용한 교량의 안전진단

출처: https://www.youtube.com/watch?v=oCfbnRTYaWI

드론을 이용한 원유 저장탱크 안전 진단은 다음 [그림. 39]와 같이 현장에서의 안전한 접근이 어려운 환경에서 효과적으로 수행될 수 있다. 이를 통해 작업자의 안전을 보장하고 보다 정확하고 효율적인 결과를 얻을 수 있다. 다음은 드론을 사용하여 원유 저장탱크를 안전하게 진단하는 데 도움이 되는 몇 가지 기술과 절차이다.

1) 고해상도 이미지 촬영

드론은 고해상도 카메라를 장착할 수 있으며, 이를 통해 저장탱크의 세부적인 부분까지 정확하게 촬영할 수 있다. 이러한 이미지를 분석하여 부식, 파손, 누출 등의 문제를 식별할 수 있다.

2) 원유 저장탱크 주변 환경 모니터링

드론은 원유 저장탱크 주변의 환경을 모니터링할 수 있다. 주변 지형, 인근 건물 또는 시설, 지표면의 변화 등을 감지하여 저장탱크의 안전 상태를 평가하는 데 활용할 수 있다.

3) 자동화 및 인공지능 기술 적용

드론을 이용한 원유 저장탱크 안전 진단에는 자동화 및 인공지능 기술이 적용될 수 있다. 예를 들어, 자율 비행 기능을 통해 사전에 설정된 경로를 자동으로 따라가며 촬영할 수 있고, 이미지 분석 알고리즘을 사용하여 이상을 식별할 수 있다.

4) 실시간 데이터 전송 및 분석

드론은 실시간으로 데이터를 수집하고 이를 지상 장비로 전송할 수 있다. 이를 통해 실시간으로 저장탱크의 상태를 모니터링하고 문제가 발생할 경우 즉각적으로 대응할 수 있다.

5) 저장탱크 안전 규정 및 기술 지원

드론을 이용한 저장탱크 안전 진단은 해당 규정 및 안전 기술 지침을 준수해야 한다. 이에 대한 전문가의 지원을 받아 안전한 운용 및 데이터 해석이 이루어져야 한다.

이처럼 드론을 이용한 원유 저장탱크 안전 진단은 고도의 기술과 전문 지식이 요구되는 작업이며, 적절한 교육과 훈련을 받은 전문가들이 수행해야 한다. 이를 통해 저장탱크의 안전한 운영을 보장하고 환경 및 안전 문제를 사전에 예방할 수 있다.

[그림. 39] 드론을 이용한 원유 저장탱크 안전진단 (저유소 안전진단 포함)
출처: SK, 드론으로 운유저장탱크 검사(한국경제, 2020.08.02.)

한편, 해상에서는 드론을 이용하여 불법어업관리 실증, 안전조업 지도, 해양안전 예방지원 활동 및 사고대응에 활용되고 있으며, [그림. 40]과 같이 인천국제공항에서는 드론으로 공항시설점검 및 승객편의시설을 제공하고, 공항 인근에 출몰하여 항공기의 안전에 영향을 주는 조류 퇴치사업도 추진되고 있다.

[그림. 40] 드론을 이용한 조류퇴치
출처: 인천국제공항 드론 소류퇴지 보도지료(2018.03.23.)

4.2. 드론 촬영 구성 장치

드론(Drone)의 사용목적에 따라서 여러 종류의 카메라(Camera)와 센서(Sensor)를 기체 외부에 직접 장착하거나 기체 내부에 내장하여 활용한다.

드론(Drone)에서 사용하는 카메라(Camera)들로는 전자광학/열화상 EO/IR(Electrooptical /Infrared), NIR(Near Infrared)과 HD(High Definition)/UHD(Ultra High Definition), 인터벌미터(Intervalmeter) 카메라 등이 있다.

초기의 드론은 HD(1280*720)해상도의 영상촬영이 가능하였으나 현재는 드론용 카메라의 발전으로 FHD(1920*1080)화질의 해상도뿐만 아니라 UHD(4096*2160)와 4K의 해상도로 촬영이 가능하고, 영화제작으로도 사용이 가능한 뛰어난 해상도와 화질로 촬영이 가능하다.

이미지를 매핑하는 장비는 다중분광(Multi-Spectral) 카메라, 라이다(LIDAR, Light Detection And Ranging, Laser Imaging Detection Ranging), SAR(Sinthetic Aperture Radar, 합성개구 레이더) 등이 있다. 한편, 통신중계장비로는 UHF/VUF, FM repeater, IP Network / 휴대폰 중계 센서가 있으며, 드론의 활용목적에 따라서 농약 살포기, 택배용 장비, 로봇 암, 스포 트랩(Spore Traps), 유해가스 탐지기, 방사능 탐지센서, 해상 구명장비, 화재진압용 고압 호스 등이 탑재되어 사용된다.

영상촬영과 같이 평형을 유지해야하는 장비는 짐벌(Gimbal)에 장착하여 활용하는데, 짐벌은 구조물의 흔들림과 관계없이 위치를 정립 상태로 유지해주는 장치로, 드론 촬영에 사용되는 짐벌(Gimbal)은 X, Y, Z 축으로 임무탑재장비가 회전할 수 있게 하고, 드론 촬영에서 드론의 움직이나 프로펠러의 회전으로 인해 발생하는 진동과 떨림을 없애주어 안정된 영상을 제공하는 핵심부품이라고 할 수 있다.

짐벌 시스템(Gimbal System)에는 가속도센서(Accelerometer)와 자이로센서(Gyrocenter)가 탑재되어 있어, 회전방향과 기울어짐 등을 측정할 수 있으며, 모터(Motor)를 이용해 회전과 기울어짐을 상쇄 보완하여 수평유지하게 된다. 또한, 짐벌은 그 축의 개수에 따라 구분되는데 [그림. 41]에서 보듯이 롤(Roll), 피치(Pitch), 요(Yaw)의 3개의 축으로 구성되어 있는데, 짐벌(Gimbal)은 축이 몇 개인지에 따라서 1축 짐벌(Gimbal), 2축 짐벌(Gimbal), 3축 짐벌(Gimbal)로 나누어진다.

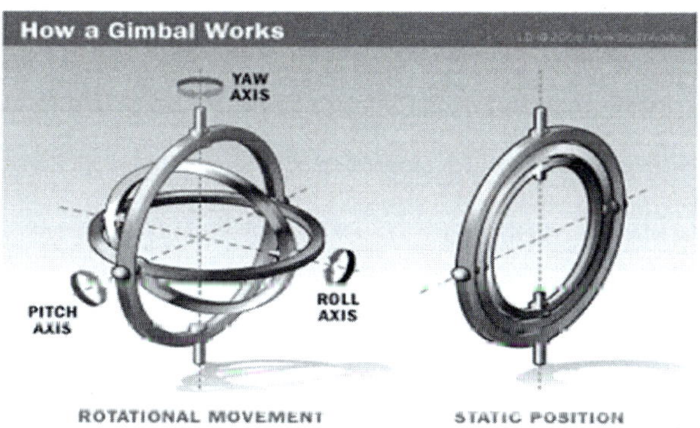

[그림. 41] 짐벌 시스템 (Gimbal System)

출처: http://science.howstuffworks.com/gimbal1.htm

롤(Roll)은 좌우 수평을 유지, 피치(Pitch)는 상하수평을 유지, 요(Yaw)는 본체의 회전을 상쇄시켜 주는 기능을 담당한다.

대부분 짐벌(Gimbal)은 3축으로 되어 있으며, 일반적인 영상촬영에는 3축 짐벌(Gimbal) 정도면 촬영에 문제가 없고, 영상제작 전문용으로 4축, 5축 짐벌(Gimbal)도 있긴 하지만, 3축 짐벌(Gimbal) 정도로 대부분의 촬영은 가능하다.

4.3. 드론 촬영 준비 I

드론(Drone)을 이용한 촬영은 위험한 지역, 사람이 접근하기 어려운 힘든 지역이나 기상악화 시 작업자의 작업어려움을 해소할 수 있으며 이러한 것을 통해서 작업시간과 효율성을 높일 수 있다.

1) 드론 기체 점검

촬영전 점검은 드론(Drone)의 비행전에 위험요소를 찾아낼 수 있는 중요한 운용행위로, 드론기체 점검, 조종장치, 임무장비 점검, 드론의 작동상태 점검, 마지막으로 제원파악과 조종특성을 확인하는 순서로 진행하며 조종자의 육안에 의한 점검과 시스템 기능 점검으로 수행한다.

육안 점검은 조종자가 육안으로 드론(Drone)의 손상, 마모, 균열, 휨 현상, 연결장치의 헐거움, 누유 등을 점검하는 것으로 육안 점검 항목은 다음과 같다.

① 기체 구조 점검.

② 비행 조종면 및 연결장치 점검.

③ 동력장치, 프로펠러(Propeller), 로터(Rotor) 등을 포함하는 추진장치 점검.

④ 제어링크 송수신기 및 안테나 점검.

⑤ 배터리의 충전상태와 배터리의 무게중심 배치상태, 고정상태 확인.

⑥ 로터 배열과 휘어짐, 균열 그리고 모터와 로터의 고정상태 확인.

⑦ 프로펠러(Propeller)가 회전할 수 있도록 하는 모터와 모터의 자리를 잡아주는 모터 마운드의 고정상태와 유격, 베어링상태(Bearing condition), 이물질 등 점검.

⑧ 짐벌과 카메라의 고정상태확인, 카메라와 컨트롤러 케이블(Controller Cable)의 연결 상태 확인. 특히, 짐벌 수평축은 촬영시 기울어진 영상으로 촬영될 수 있어서 댐퍼가 빠진 것이 있는지 확인.

⑨ FC, 모터, 배터리, 안테나(Antenna), GPS 등 연결배선의 접속상태 확인.

2) 드론 촬영허가와 비행승인

촬영허가와 비행승인은 멀노도, 항공사진 촬영 목적으로 드론을 이용하려면 먼저 국방부로부터 항공사진촬영허가를 받고, 이를 첨부하여 공역별 관할기관에 비행승인을 신청해야한다.

항공촬영은 직업/ 취미생활과 관계없이 비행전에 국방부의 허가를 얻은 후 해야하며, 기체에 카메라(Camera)를 장착한 촬영시에는 항공법과 국가보안법이 적용된다.

촬영 7일 전에 대한민국 국방부로 '항공사진촬영 허가신청서'를 전자문서(공공기관의 경우) 또는 팩스(일반업체의 경우)로 신청하면 촬영 목적과 보안상 위해성 여부 등을 검토 후 허가한다.

비행승인은 비행대상지역에서 승인을 받지 않고 비행할 경우에는 <표. 4>처럼 과태료 수백만원이 부과되니, 드론 원스탑 민원 포털 서비스(drone.onestop.go.rk)에서 비행계획, 비행가능 지역 검색, 신청서 작성 등 필요한 서비스를 미리 확인하고 신청하는 것이 필요하다.

〈표. 4〉 드론 비행 위반시 대한민국의 처벌기준

종류		비행승인			
		비행제한 공역	비행금지 구역	관제권	고도150m 이상
최대이륙중량 25kg초과		o	o	o	o
최대이륙중량 25kg이하		o	o	o	o
위반시 처벌기준	벌금	500만원	–	–	–
	과태료	–	200만원	200만원	200만원

출처: 한국교통안전공단 드론교육훈련센터 교육자료

대한민국 항공안전법 시행규칙 제308조(초경량비행장치 비행승인)에 의하면, ①초경량비행장치4를 사용하여 비행제한 공역을 비행 하려는 사람은 법 제127조제2항 본문에 따라 별지 제112호 서식의 초경량비행장치 비행승인신청서를 지방항공청장<표. 5 참고>에게 제출하여야 한다. 이 경우 비행승인절차는 서류, 팩스 또는 정보통신망을 이용하여 제출할 수 있다. ②지방항공청은 제2항에 따라 제출된 비행승인신청사가 비행안전에 지장을 주지 아니한다고 판단되는 경우에는 이를 승인하여야 한다. 이 경우 동일지역에서 반복적으로 이루어지는 비행에 대해서는 6개월의 범위에서 비행기간을 명시하여 승인할 수 있다.

〈표 5〉 대한민국 지방항공청별 관할지역

지방항공청	관할지역
서울지방항공청	서울시, 경기도, 인천시, 강원도, 대전시, 충청남도, 충청북도, 세종시, 전라북도
부산지방항공청	부산시, 대구시, 울산시, 광주시, 경상남도, 경상북도, 전라남도
제주지방항공청	제주도

출처: 한국교통안전공단 드론교육훈련센터 교육자료

3) 드론 조종자 준수사항

드론 촬영시 조종자는 대한민국 항공안전법 시행규칙 제310조(초경량비행장치 조종자의 준수사항)에 의한 사항을 준수하여야 하며, 위반시 과태로 200만원이 부과된다.

4 드론의 법률적인 명칭은 무인멀티콥터로, 초경량 비행장치 중 무인비행장치, 무인비행장치 중 무인동력 비행장치 중에서 무인멀티콥터로 분류된다.

특히, 아래 ⑦를 따르지 아니한 사람은 3년 이하의 징역 또는 3천만원 이하의 벌금이 부과되니 유의하여야 한다.

① 인명이나 재산에 위험을 초래할 우려가 있는 낙하물을 투하하는 행위.

② 인구가 밀집된 지역이나 그 밖에 사람이 많이 모인 장소의 상공에서 인명 또는 재산에 위험을 초래할 우려가 있는 방법으로 비행하는 행위.

③ 법에 따른 관제공역-통제공역-주의공역에서 비행하는 행위 <이하 생략>.

④ 안개 등으로 인하여 지상목표물을 육안으로 식별할 수 없는 상태에서 비행하는 행위.

⑤ 비행시정 및 구름으로부터 거리기준을 위반하여 비행하는 행위.

⑥ 일몰 후부터 일출 전까지의 야간에 비행하는 행위 <이하 생략>.

⑦ 주류, 마약류 또는 환각물질 등(이하 "주류 등")의 영향으로 조종업무를 정상적으로 수행할 수 없는 상태에서 조종하는 행위 또는 비행 중 주류 등을 섭취하거나 사용하는 행위.

⑧ 그 밖에 비정상적인 방법으로 비행하는 행위<이하 생략>.

⑨ 초경량비행장치 조종자는 항공기 또는 경량항공기를 육안으로 식별하여 미리 피할 수 있도록 주의하여 비행하여야 한다.

⑩ 동력을 이용하는 초경량비행장치 조종자는 모든 항공기, 경량항공기 및 동력을 이용하지 아니하는 초경량비행장치에 대하여 진로를 양보하여야 한다.

⑪ 무인비행장치 조종자는 행당 무인비행장치를 육안으로 확인

할 수 있는 범위에서 조종하여야 한다. <이하 생략>

이 외, 태풍 및 돌풍이 불거나 번개가 칠 때, 또는 비나 눈이 내릴 때에는 비행하지 말아야하며, 최대이륙중량을 초과하여 비행하지 않아야 되고, 고압송전선 주위에서 비행하지 말아야 한다는 점에 유의하여야 한다.

최근 드론에 관심이 높아지면서 취미활동으로 드론을 이용하는 경우가 많아졌다. 드론을 취미활동으로 이용하더라도 조종자 준수사항은 지켜야 한다. 준수사항은 인명을 보호하고 드론의 추락으로 인한 제3의 피해를 예방하기 위한 최소한의 안전장치이기에 반드시 준수하여야 한다.

드론을 사면과 천장으로 막혀있는 실내에서 이용할 경우 비행승인은 필요로 하지 않고, 또한, 적절한 조명장치가 있는 실내공간이라면 야간에도 이용이 가능하지만, 인명과 재산에 위험을 초래하지 않도록 각별히 주의하여야 한다.

읽을거리

한국교통안전공단 초경량비행장치(드론) 조종자 증명 시험

초경량비행장치란 최대 150kg 이하, 최대 1인승 이하, 길이 20미터 이하인 비행장치를 말하는데, 중량이 2kg를 초과하는 경우 반드시 기체신고를 해야 하며, 자격증 역시 중량이 250g을 초과하는 경우 필요하다.

만 14세 이상(무인동력비행장치 4종의 경우 만 10세 이상) 초경량비행장치 조종자 자격증명을 취득하고자 하는 자가 항공안전법 제125조에 의해 응시하는 시험(학과시험 및 실기시험)이 초경량비행장치 조종자 증명 시험이다.

- 시행기관 : 대한민국 한국교통안전공단
- 법적근거

항공안전법 제125조(초경량비행장치 조종자 증명 등)

항공안전법 시행규칙 제306조(초경량비행장치의 조종자 증명 등)

- 대상 및 기준

초경량비행장치 조종자 증명을 취득하려는 자

- 과목 및 합격기준

학과시험의 경우 70점 이상(100점만점) 합격, 실기시험의 경우 모든 항목에서 만족(S)을 받아야 합격

※세부 기준은 TS국가자격시험홈페이지(lic.kotsa.or.kr)에서 확인

TS국가자격시험 홈페이지 (lic.kotsa.or.kr)

읽을거리

드론 준수사항 위반 시 처벌과 관련된 법률

대한민국 항공안전법 제166조(과태료)

② 다음 각 호의 어느 하나에 해당하는 자에게는 300만원 이하의 과태료를 부과한다. (무자격)

3. 제125조제1항을 위반하여 초경량비행장치 조종자 증명을 받지 아니하고 초경량비행장치를 사용하여 비행을 한 사람(제161조제2항이 적용되는 경우는 제외한다)

③ 다음 각 호의 어느 하나에 해당하는 자에게는 200만원 이하의 과태료를 부과한다. (인명 또는 재산피해)

8. 제129조제1항을 위반하여 국토교통부령으로 정하는 준수사항을 따르지 아니하고 초경량비행장치를 이용하여 비행한 사람

④ 다음 각 호의 어느 하나에 해당하는 자에게는 100만원 이하의 과태료를 부과한다. (신고번호)

4. 제122조제3항을 위반하여 신고번호를 해당 초경량비행장치에 표시하지 아니하거나 거짓으로 표시한 초경량비행장치소유자 등

⑥ 다음 각 호의 어느 하나에 해당하는 자에게는 30만원 이하의 과태료를 부과한다.

2. 제129조제3항을 위반하여 초경량비행장치사고에 관한 보고를 하지 아니하거나 거짓으로 보고한 초경량비행장치 조종자 또는 그 초경량비행장치소유자 등

조종사 준수사항을 한눈에 확인할 수 있을까?

비행금지 시간대 : 야간비행(일몰 후부터 일출 전 까지), 단 특별

승인시 가능

<비행금지 장소>

- 비행장으로부터 반경 9.3km 이내인 곳 (관제권)
- 비행금지구역 (휴전선 인근, 서울도심 상공 일부)
- 150m 이상의 고도
- 인구밀집지역 또는 사람이 많이 모인 곳의 상공 (스포츠경기장, 페스티벌 등) 비행 중 금지행위
- 비행중 낙하물 투하 금지
- 조종자 음주상태에서 비행금지
- 조장자가 육안으로 기체를 직접 볼 수 없을 때 비행금지

4.4. 드론 촬영 준비 II

1) 현장확인

드론 촬영을 하기 위해 대상지역에 도착하여서는 현장확인이 필요하며, 현장확인은 크게 촬영시간 확인, 촬영지역 확인, 비행동선 확인으로 나눠볼 수 있다.

① 촬영시간 확인

드론촬영은 넓은 지역을 보여주거나, 일반적인 카메라로 표현하기 어려운 부감촬영에 많이 사용한다. 일반적인 조감촬영은 정오를 기준으로 촬영하는 것이 좋다.

② 촬영지역 확인

현장에서 드론 기체의 상태 확인과 촬영의 목적에 맞는 현장이 선정되었는지 확인할 필요가 있다. 드론 촬영 시 조종자 스스로가 비행에 대한 전반적인 상황판단을 해야하기 때문에 반드시 드론 촬영 전 기체의 이착륙 지점을 확인해야 한다. 이착륙 지점을 확인하지 않은 경우에는 예를 들어서 조종자와 드론 기체 사이에 장애물이 있다면 RTH(Return to Home) 기능 사용 시 장애물에 의하여 기체가 파손이 될 수도 있다.

조종 시 조종자의 시야는 드론의 비행에 집중하게 되어 시야가 제한되므로 주변에 장애물이 없고 특히 주변의 차도나 인도를 통해서 일반인이 접근하지 않는 곳에 조종자의 위치를 잡아야한다.

그리고 기체가 이륙시 프로펠러(Propeller)가 회전하는 동안 기체가 안정되지 않는 위험한 상황을 대비하여 기체로부터 최소한 15m 이상의 이격한 장소에서 드론의 시동을 걸고 일반인의 접근을 통제하여야 한다.

드론 촬영에는 기상상태 확인도 중요하다. wind sock의 상태가 90도의 각도가 되는 풍속이 5m/sec 이상인 상태라면 비행이 제한되며, Ready to fly 애플리케이션(Application)을 이용하는 경우 지자계의 수치가 5 이상이라면 비행이 제한된다. 이때는 비행장소를 다시 선정하고 지자계 수치를 다시 확인한 후 비행하여야 한다.

③ 비행동선 확인

드론촬영을 위해서는 장애가 되는 지형지물이 없는 곳인지 살펴보아야 한다. 기체의 비행시간을 효율적으로 운용하기 위하여, 촬영할 내용에 대해서 사전논의와 비행동선을 확인하는 것이 필요하다. 촬영 목표에 맞게 이륙/착륙 위치에서 목적지역까지 이동하는데 장애물이 없는지 등 살펴보아야 한다.

풍속과 비행동선 확인 : 다양한 스마트폰 앱 설치 활용가능

풍속 0~4m/s : 드론 촬영 적당

풍속 5~6m/s : 드론 촬영 주의

풍속 7~9m/s : 드론 촬영 위험

풍속 9m/s : 드론 촬영 금지

2) 캘리브레이션(Calibration)

드론의 캘리브레이션(Calibration)은 조종기 스틱의 값을 맞추는 작업, 모터를 제어하는 전자속도제어장치의 상태 점검, 기체의 전후, 좌우방향으로 평형된 상태 점검, 비행 진행방향을 FC가 인식하게 하는 작업이 있다.

조종기 스틱의 값을 맞추는 작업은 스틱을 조작하는대로 FC가 정확하게 인지하게 하는 것으로 캘리브레이션(Calibration)이 안 되어 있으면 조종기 스틱을 조작해도 상승이 안 되거나 시동이 안 걸리 수 있다.

모터를 제어하는 전자속도제어장치의 상태 점검은 모터의 초고속도와 최소 속도에 대한 상태를 확인하는 것으로 캘리브레리이션(Calibration)이 안 되어 있으면 모터가 작동하지 않게 된다.

기체의 전후, 좌우방향으로 평형된 상태 점검은 기체를 수평으로 놓았을 때 상태를 확인하는 것으로 캘리브레이션(Calibration)이 안 되어 있으면 기체가 한쪽으로 기울여진 채로 움직이게 된다.

비행 진행방향을 FC가 인식하게 하는 작업은 일반적으로 드론 운용할 경우에 가장 많이 확인하는 방법으로 기체를 머리위 올린 채 수평인 상태에서 360도 회전, 다음으로 기제가 수식인 상태에서 360도 회전하는 방법을 사용한다. 이 캘리브레이션이 안 되어 있으면 기체가 방향을 제대로 인식하시 못하기 때문에 조종자의 스틱 조작과 다른 방향으로 이동하게 된다.

3) 드론 조종기 조작

드론 조종기(Drone Controller/Drone Remote Control)는 [그림. 42]과 같이 드론 기체와 송수신 연결되어 조종자가 조작하는 명령에 따라 드론 기체가 상하좌우로 이동하도록 하는 장치로, 조종기에 대한 이해와 조작에 숙달이 매우 중요하다.

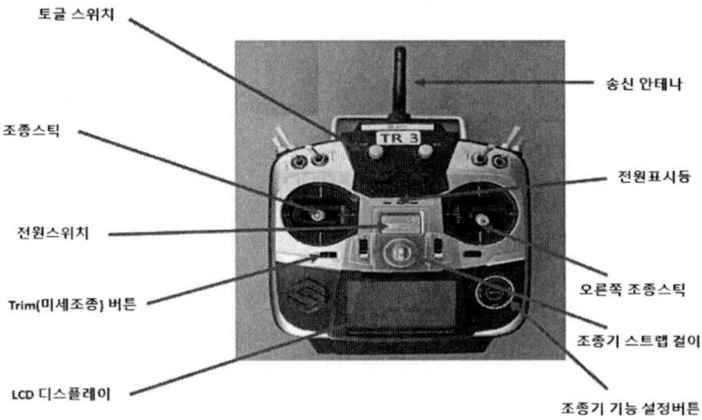

[그림. 42] 드론의 조종기

드론의 조종기의 비행모드는 <표. 6>과 같이 선택할 수 있도록 되어 있는데, 수동모드(Manual Mode), 자세제어모드(Attitude Mode), GPS 자동 비행모드(GPS Mode)로 나눠 살펴 볼 수 있다.

〈표. 6〉 비행모드

구분	내용
수동모드 (Manual mode)	완전한 수동모드로서 자세제어가 없어 모든 비행조종을 조종자가 직접적으로 실시
자세제어모드 (Attitude mode)	GPS지원되지 않고 기압센서에 의해 고도만 유지되며, 안정된 조종이 어려움
GPS 자동제어모드 (GPS mode)	GPS에 의한 위치인식과 각종센서를 이용하여 안정된 조종이 가능함

자세제어모드는 관성측정장치(MCU)를 기반으로 기체를 제어하는 모드로, 안정된 조종이 어려운 단점이 있으나 촬영한 항공영상을 모니터링해 보면 GPS 자동 비행모드(GPS Mode) 보다 좀 더 자연스러운 영상데이터를 획득할 수 있다는 장점이 있다.

한편, GPS 자동 비행모드(GPS Mode)는 기체가 바람에 흐르지 않고 항상 현재위치를 유지할 수 있는 모드로, 한 위치에서 정지비행하는 호버링의 경우 비행위치에서 위성신호를 많이 받을수록 정지비행 반경이 줄고, 위성신호를 적게 받을수록 정지비행 반경은 커지게 된다. 한편, 기본조작 모드에 대한 부연 설명은 <표. 7>과 같다.

〈표. 7〉 기본조작 모드 2

구분	기본 조작(모드2)	
상승, 하강	스로틀 (Throffle)	
전진, 후진	엘리베이터 (Elevater)	
왼쪽, 오른쪽 이동	에일리런 (Aileron)	
인쪽, 오른쪽 전한	러더 (Rudder)	

출처: 드론타임즈(http://dronestimes,net) 기사를 바탕으로 저자가 재구성

짐벌 조작

짐벌 조작은 [그림. 43]과 같이 드론을 회전시킬 수 있는 장치로 드론을 조작하는 것을 의미한다. 짐벌 회전축의 움직임은 틸트, 더치, 팬이라고 하고 촬영현장에서는 흔히 돌리, 붐, 트럭, 틸트, 더치, 팬을 사용하고 있다.

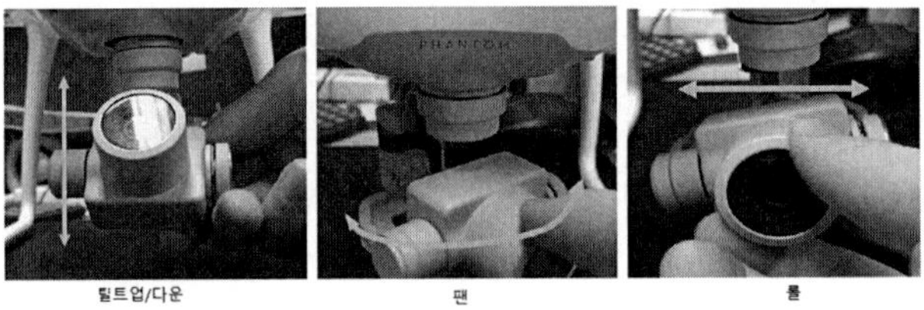

[그림. 43] 짐벌 조작

카메라 팬(Camera Pan): 조종기 에일러론 레버(Aileron Lever)로 조종한다.

카메라 틸트(Camera Tilt): 조종기 엘리베이터 레버(Aileron Lever)로 조종한다.

카메라 롤(Camera Roll): 노브 좌회전, 우회전으로 조종한다.

조종기 관리

조종기 안테나(Antenna)는 지향성이 있으며, 전파강도는 안테나의 옆 방향에서 최대가 되고, 안테나(Antenna)의 끝부분은 전파강도가 가장 약하다.

비행중에는 조종기 안테나의 송신출력이 저하되지 않도록 잡지 않도록 하며, 조종기를 땅바닥에 두게 되면 레버가 임의로 조작되어 사고 또는 기체가 추락할 수도 있으니 유의해야 한다.

비행을 시작할 때와 종료할 때 조종기와 기체 전원 on/off 순서는 비행을 시작할 때에는 조종기 전원을 먼저 켠 후, 기체의 전원을 켜야 하고, 종료할 때에는 기체의 전원을 끄고 조종기 전원을 끈다. 조작순서를 반대로 하면 갑작스런 로터 회전으로 위험할 수 있으니 주의한다.

4) 비정상 상황 시 조치요령

촬영 시 비정상 상황 발생한 경우 조치 요령은 아래와 같다.

① 기체가 갑작스럽게 균형을 잃거나 급격하게 고도가 떨어지는 경우

최대한 기체의 평행자세를 유지시키며 착륙한다. 착륙 후에는 바로 기체의 전원과 조종기의 전원을 차단하고 기체를 점검한다. 프로펠러의 이상유무를 확인한다. 모터의 이상유뮤를 확인한다

② 조종기가 정상 작동되지 않는 경우

주변에 조종기 전파를 방해하는 고압전선, 통신장비가 있는지 확인한다. 최대한 기체의 평행자세를 유지시키며 착륙한다. 비행장소를 다시 선정하고 이동하여 비행한다.

③ 조종기의 GPS 수신감도가 5개 이하로 떨어진 경우

안전한 비행을 위해서 수신감도 5이상 나오는 곳을 이륙포인트로 설정한다. 약 15분 정도 기다려보고, GPS 수신감도가 6개 이상으로 연결되는지 확인한다. 비행장소를 다시 선정하고 이동하여 비행한다.

읽을거리

조종기 파지

드론은 이륙하여 공중에서 이동하게 되면 공기의 흐름과 같이 흐르게 된다. 따라서 조종기를 잡는 파지법은 드론의 원활한 조종과 고품질의 데이터를 얻기 위해서 중요하다.

조종기 파지는 다양한 방법이 있으나, [그림. 44]와 같이 일반적으로 두 손으로 부드럽게 조종기를 감싸쥐고, 왼쪽/오른쪽 조종스틱을 왼족/오른쪽 엄지손가락으로 지긋이 눌러서 잡고 조종스틱을 스로틀(Throttle), 엘리베이터(Elevator), 에일리런(Aileron) 등의 조작을 할 때에는 엄지손가락의 힘을 빼고 편안하게 조작하면 초보자는 더 조종이 용이할 것이다.

[그림. 44] 조종기 파지

출처: https://brunch.co.kr/@dronestarting/178

드론의 상승 하강비행시 파지가 정확히 안 된 경우는 상승, 하강 비행할 때 조종기 파지가 제대로 안 되면 스로틀 레버뿐만 아니라 러더(Rudder)가 함께 들어가게 되어 수직 상승하강이 안되게 된다.

드론의 전진 후진비행시 파지가 정확히 안 된 경우는 조종기의 엘리베이터 레버를 조정하여 전진 또는 후진비행을 하게 되는데, 조종기 파지가 제대로 안 되면 에일러론(Aileron)이 함께 들어가서 정확한 전진 및 후진비행이 안되게 된다.

드론의 좌우 수평비행시 파지가 정확히 안 된 경우는 조종기의 에일러론 레버(Aileron lever)를 조정하여 왼쪽 또는 오른쪽으로 수평비행을 하게 되는데, 파지가 안 되면 엘리베이터가 함께 들어가서 정확한 수평비행이 어렵게 된다.

드론의 원주비행시 파지가 정확히 안 된 경우는 원주 비행시 기체의 후미는 항상 조종자를 바라보도록 러더턴(Rudder Turn)을 하는 것이 좋은데, 파지가 안 되면 정확한 원주를 그리지 못하게 된다. [그림. 45]는 원주비행을 보여 준다.

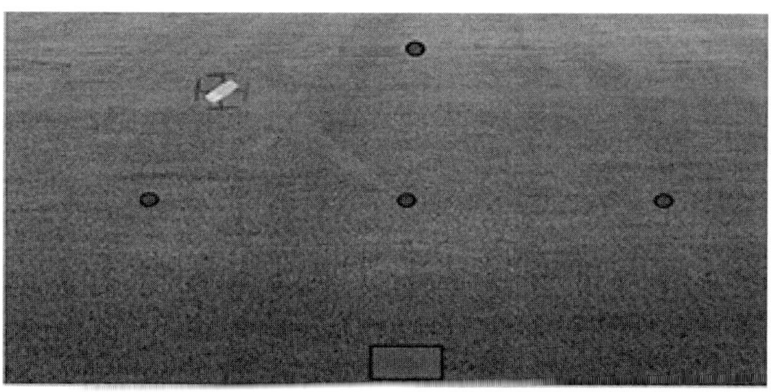

[그림. 45] 원주비행

출처: https://www.youtube.com/watch?app=desktop&v=cdyj99nGx4c

4.5. 드론 촬영

1) 드론 촬영에 필요한 기초 이해

(1) 자동비행 지원 기능(Autonomous Flight Support Feature)

드론의 자동비행 지원 기능(Autonomous Flight Support Feature) 중 웨이포인트(Waypoints) 기능은 자율 비행 작업을 수행하는 동안 비행 경로를 정의하는데 사용되는 지점이나 위치를 가리킨다. 웨이포인트는 특정 위치의 GPS 좌표를 나타내거나 물리적인 장애물을 피하기 위한 목표 지점으로 사용될 수 있다. 이러한 웨이포인트(Waypoints)는 비행 경로를 따라 이동하는 동안 비행체가 특정 위치에 도달하도록 안내하거나, 비행 임무를 수행하는 동안 다양한 임무 지점을 설정하는 데 사용될 수 있다. 웨이포인트는 비행 경로를 계획하고 조작하는 데 필수적이며, 자동 비행 작업의 안정성과 효율성을 향상시키는데 중요한 역할을 한다. 웨이포인트 (Waypoints)는 [그림. 46]과 같이 사전에 설정한 지점으로 기체가 이동한다. 다음의 관심점(PoI: Point of View)와 마찬가지로 지도상에서 비행경로를 지정하여 경로를 따라 자동비행이 가능한 기능으로 비행시 카메라 조작이 가능하다.

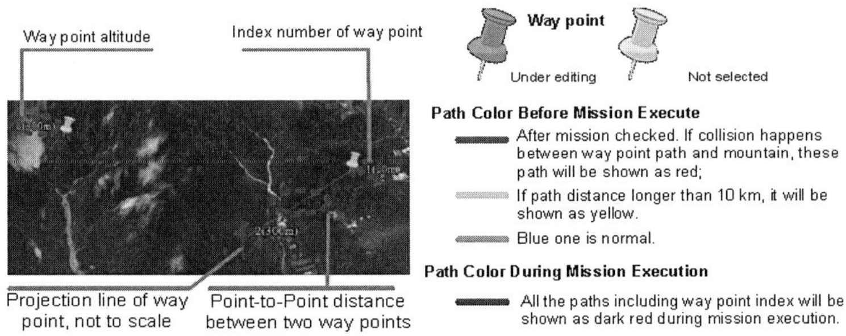

[그림. 46] 웨이포인트(Waypoints) 기능
출처: www.dji-innovations.com

관심점(POI: Point of Interest) 기능은 비행중인 드론(Drone)이 특정 지점 또는 대상을 중심으로 원을 그리며 주변을 비행하는 비행 경로를 정의하는데 사용된다. 이것은 특정 대상이나 지점 주변에서 다양한 각도와 조도에서 촬영할 수 있도록 도와준다. 드론 촬영의 관심점은 주로 비디오나 사진 촬영에서 사용되며, 관광 명소, 건축물, 자연 경치 등을 강조하거나 하이라이트(Highlight)로 표시하는데 유용한다. 이는 드론 촬영의 품질과 효과를 향상시키며, 촬영된 영상이나 사진이 보다 동적이고 흥미로운 내용을 제공할 수 있도록 한다. [그림. 47]과 같이 관심점(PoI: Point of Interest)는 피사체(被寫體: Subject)를 중심으로 반경을 설정하면 중앙에 있는 피사체(被寫體: Subject) 주위를 일정하게 선회하며 공중 촬영하는 기능이다.

[그림. 47] 관심점(POI: Point of Interest) 기능
출처: www.enterprise-insights.dji.com

팔로우미(Follow Me) 기능은 드론(Drone)이 특정 대상을 자동으로 추적하고 따라다니며 그 대상의 움직임에 맞춰 비행하는 기능을 나타낸다. 이는 드론 촬영 중에 자유롭게 움직이는 사람, 차량 또는 다른 대상을 중심으로 촬영할 때 유용하게 사용될 수 있다. 팔로우미(Follow Me) 기능을 이용하면 드론이 대상을 안정적으로 추적하고, 대상의 움직임에 따라 자동으로 비행경로를 조정하여 촬영할 수 있다. 이는 드론 촬영 중에 움직이는 대상을 효과적으로 촬영하고 다양한 각도에서 관찰할 수 있도록 도와준다. 이처럼 팔로우미(Follow Me)는 [그림. 48]은 설정에 따라 자동으로 피사체를 따라가며 촬영이 가능한 기능으로, 사이클(Cycle), 스키(Ski), 달리기 등 야외 스포츠 촬영에 유용하다.

[그림. 48] 팔로우미(Follow Me) 기능

출처: www-v1.dji.com/kr

홈락(Home Lock) 기능은 드론이 비행 중에 사용자가 설정한 기준점 또는 집으로 자동으로 반환하는 기능을 의미한다. 이 기능을 활성화하면 드론은 사용자가 설정한 홈 위치를 중심으로 상대적인 이동을 수행하며, 사용자가 조종기를 특정 방향으로 움직여도 드론은 여전히 홈 위치를 기준으로 움직인다. 이는 드론 조종자가 드론의 상대적인 위치를 고려하지 않고 홈 위치를 기준으로 쉽게 조종할 수 있도록 도와줍니다. 즉 홈락 기능은 비행 도중에 드론이 방향을 잃었을 때나 비상시에 안전하게 드론을 홈 위치로 복귀시키는 데 유용하다.

이처럼 드론이 최초 홈 포인트(Home Point)로 지정한 곳이 홈락(Home Lock)으로 설정되어, 드론이 시야에서 보이지 않을 때 복귀용으로 사용한다. [그림. 49]과 같이 드론이 처음 이륙한 홈 지점을 기준으로 현재 기체가 어디에 있든지 기체의 앞면이 어느 방향에 위치하든지 Home Point기준으로 가장 빠른 직선거리로 이륙지점에 도착하게 된다.

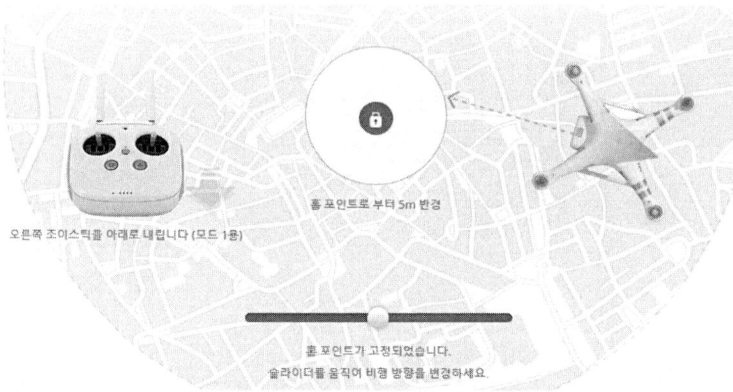

[그림. 49] 홈락(Home Lock) 기능
출처: www-v1.dji.com/kr

고홈(Gohome) 기능은 드론이 비행 중에 배터리 잔량이 부족하거나 신호 손실 등의 문제가 발생했을 때 자동으로 설정된 기준점 또는 집으로 복귀하는 기능을 말한다. 이 기능은 사용자가 드론을 잃어버리거나 조종할 수 없는 상황에서 안전하게 드론을 원래 위치로 복귀시키는 데 도움이 된다. 사용자가 미리 설정한 홈 위치 또는 기준점으로 드론이 자동으로 복귀하여 안전한 착륙을 수행한다. 이는 드론 촬영 중에 예기치 않은 상황이 발생했을 때 드론의 안전을 보장하기 위한 중요한 기능이다. 이처럼 고홈(Gohome) 기능은 드론을 이륙했던 장소로 자동 복귀하고 착륙시키는 기능이다.

코스락(Course Lock) 기능은 [그림. 50]과 같이 드론이 특정한 방향으로 비행하는 동안에도 조종자의 시선과 관계없이 카메라의 방향을 일정하게 유지하는 기능을 말한다. 이 기능을 활성화하면 드론은 비행 중에 설정한 방향을 기준으로 전방, 후방, 좌우로 움직여도 카메라가 항상 일정한 방향을 유지한다.

이는 비행 중에 드론이 일정한 시점에서 특정 대상을 중심으로 촬영하거나, 드론이 특정한 방향으로 움직이면서도 카메라가 일정하게 특정 대상을 유지하도록 할 때 유용하다. 코스락(Course Lock)기능을 사용하면 드론 촬영 시에 보다 안정적이고 일관된 화면을 유지할 수 있다. 이처럼 코스락(Course Lock) 기능은 코스락(Course Lock)을 실행한 지점에서 락(Lock)이 설정되어, 드론 촬영시 특정한 지점을 락(Lock)으로 설정하여 피사체를 스치듯 촬영할 때 사용한다.

한편, 코스락 기능(Course Lock)은 드론 이륙진 홈 지점에서 기체의 앞방향을 기준점으로 잡고, 이륙지점보다 기체가 앞에 있을 때만 사용하는 것이 안전하다.

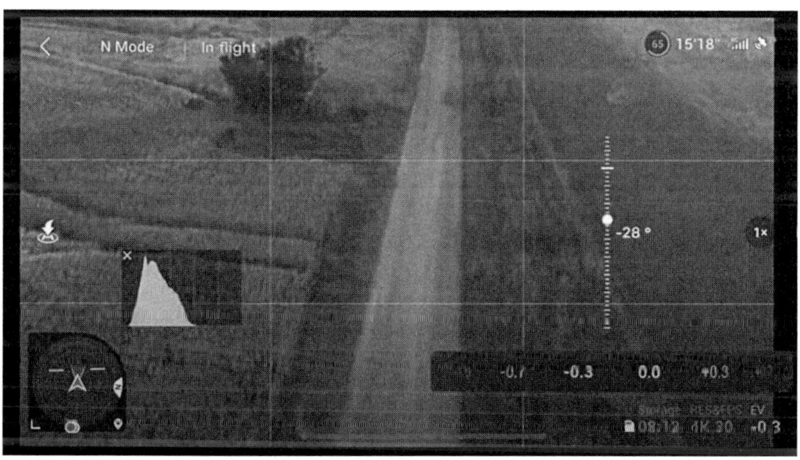

[그림. 50] 코스락 (Course Lock) 기능
출처: https://www.forum.dji.com

액티브 트랙(Active Track) 기능은 드론이 특정 대상을 [그림. 51]처럼 자동으로 추적하고 따라 다니는 기능을 말한다. 이 기능은 드론이 비행 중에 움직이는 대상을 인식하고, 그 대상을 중심으로 비행 경로를 조정하여 자동으로 따라가게 된다. 액티브 트랙(Active Track) 기능은 일반적으로 GPS, 비전 센서, 라이다 등의 기술을 활용하여 대상을 정확하게 추적하고, 대상이 움직이는 동안에도 드론이 안정적으로 따라다닐 수 있도록 한다. 이러한 기능을 통해 사용자는 드론 촬영 중에 움직이는 대상을 손쉽게 추적하고 촬영할 수 있으며, 스포츠 경기, 자동차 레이스, 자전거 여행 등의 다양한 활동을 촬영할 때 유용하다.

[그림. 51] 액티브 트랙(Active Track)
출처: https://store.dji.com

(2) 드론의 시계비행

드론의 시계비행은 조종자가 육안으로 기체를 관찰하면서 조종기를 조작하여 비행하는 것을 의미한다. 즉 드론의 시계비행이라는 용어는 일반적으로 Visual Line-Of-Sight(VLOS) 비행을 나타낸다. 이는 조종자가 드론을 직접 시각적으로 관찰하면서 조종기를 사용하여 비행하는 것을 의미한다. 따라서 조종자는 드론의 위치와 상태를 직접 확인하고, 조종기로 비행 경로와 조종한다. VLOS 비행은 안전한 비행을 보장하고, 주변 환경에 대한 실시간 감시를 통해 사고나 충돌을 예방하는데 중요하다.

(3) 드론의 계기비행과 병행비행

드론의 계기비행은 조종자가 조종기에 부착된 모니터에서 드론 기체의 위치, 영상 정보 등의 데이터에 의존하여 조작하는 비행을 의미한다. 이 용어는 일반적으로 시야에서 멀리 떨어져 비행하거나 시야가 제한된 환경에서 사용된다. 드론을 100m 이상으로 비행하면, 조종자가 시야에서 멀어져 육안으로 확인이 어려워진다. 이런 경우에는 조종자가 조종기에 부착된 화면을 통해 드론의 상태를 확인하고 비행을 조작해야 한다.

따라서 이때에는 시계비행과 계기비행을 병행하여 하는 것이 좋다. 시계비행은 비행 경로와 방향을 조종자가 직접 시각적으로 확인하면서 조작하는 것을 의미하고, 계기비행은 드론의 센서 데이터나 GPS 정보를 활용하여 조작하는 것을 의미한다. 이러한 병행 비행은 비행 중에 안전을 보장하고 원활한 조종을 돕는데 도움이 된다. 계기비행은 대기 상태, 드론의 위치 및 상태, 비행 경로 등을 정확하게 파악하여 조종하는데 도움이 되며, 이는 안전한 비행을 위해 중요하다. 시계비행은 조종자가 비행 경로와 주변 환경을 직접 시각적으로 확인하여 드론을 조종하는 것으로, 더 자세한 시각적인 정보를 제공한다.

이러한 병행 비행은 조종자가 드론을 안전하게 조종하고, 비행 중에 발생할 수 있는 잠재적인 위험을 줄이는 데 도움이 된다. 따라서 드론 조종자는 시계비행과 계기비행을 조화롭게 사용하여 안전한 비행을 유지할 수 있어야 한다.

(4) 드론의 기체 속도

촬영용 드론의 기체 속도(Speed)는 다양한 요인에 따라 다를 수 있으며, 일반적으로 최대 속도(Speed)는 드론 모델에 따라 다르다. 대부분의 촬영용 드론은 기체에 따라 최대 60km/h에서 75km/h 사이의 속도(Speed)를 가진다. 그러나 최근에 출시된 고성능 드론은 더 높은 속도(Speed)를 제공할 수 있다. 최근 출시된 일부 드론은 최대 94km/h의 속도(Speed)에 도달할 수 있으며, 이는 촬영 및 비행 성능을 향상시키는데 도움이 된다. 따라서 드론의 기체 속도(Speed)는 모델에 따라 다르며, 이러한 스피드는 촬영 목적과 사용자의 요구에 따라 선택된다.

(5) 화면 속도

드론의 화면 속도(Speed)는 조종자가 촬영하는 장면에 속도감과 운동감을 주는데 중요한 역할을 한다. 일반적으로 저고도에서 비행할 때 화면에 스쳐가는 피사체들이 많거나 지형이 다양할수록 화면의 움직임이 더욱 다이나믹하게 느껴질 수 있다. 이는 더 많은 시각적 요소가 화면을 통과하고 다양한 움직임이 발생하기 때문에 화면의 에너지를 높일 수 있다.

저고도에서 비행할 때 드론은 더 짧은 거리를 이동하며, 피사체들과 지형과의 상대적인 거리가 더 가깝기 때문에 화면에 더 많은 움직임이 나타난다. 이는 화면에 더 많은 에너지를 불어넣어 시청자에게 더욱 강렬한 느낌을 전달할 수 있다. 따라서 화면 스피드를 높이고 싶은 경우 저고도에서 촬영을 진행 하는 것이 유용할 수 있다.

그러나 이는 촬영 목적과 상황에 따라 다를 수 있으며, 화면에 움직임을 주는 데 있어 고고도에서도 다양한 기술과 효과를 사용할 수 있다. 따라서 조종자는 촬영하려는 장면의 요구에 맞게 드론의 비행 고도와 방법을 선택해야 한다.

(6) 드론의 렌즈 속도(Lens Speed)

드론의 렌즈 속도(Lens Speed)는 일반적으로 렌즈의 조리개 크기와 관련된 용어다. 렌즈의 스피드는 조리개의 최대 개방 크기를 나타내는데, 이는 렌즈가 얼마나 많은 빛을 받을 수 있는지를 결정한다. 렌즈가 더 큰 조리개 크기를 가질수록 스피드가 더 빠르다고 말할 수 있다. 일반적으로 스피드가 더 빠른 렌즈는 낮은 조명 상황에서 더 잘 작동하고 더 낮은 셔터 스피드를 사용하여 더 높은 촬영 품질을 제공한다. 그러나 원근감(Perspective)과 근거리 피사체와 원거리 피사체 간의 거리와 크기 조절은 렌즈의 초점 거리와 관련이 있다. 렌즈의 초점 거리를 조절하면 피사체의 크기와 거리를 조절할 수 있다. 근거리 피사체와 원거리 피사체 사이의 거리를 변화시키는 것은 렌즈의 확대/축소 능력과 관련이 있다. 따라서 렌즈 스피드와 원근감 및 피사체 크기와 거리는 서로 다른 개념이지만, 렌즈(Lens)의 조리개 크기와 초점 거리를 조절하여 촬영 결과물에 다양한 시각적 효과를 부여할 수 있다.

(7) 드론의 호버링(Hovering) 기능

드론의 호버링(Hovering) 기능은 드론이 공중에서 일정한 위치에서 정지하고 유지하는 것을 의미한다. 드론이 호버링(Hovering)을 할 때에는 만들어내는 양력과 드론의 중량이 서로 균형을 이루어야 한다. 즉, 드론이 만들어내는 양력이 중력과 같아야 하며, 이렇게 되면 드론은 일정한 높이에서 공중에 떠 있을 수 있다.

한편, 드론이 호버링(Hovering)을 할 때에는 내장된 센서와 제어 알고리즘을 사용하여 자동으로 양력을 조절하고 드론의 위치를 조정한다. 이를 통해 드론은 공중에서 안정적으로 정지할 수 있다. 이처럼 호버링(Hovering)을 통하여 드론 조종자는 촬영이나 탐사와 같은 작업을 보다 쉽게 수행할 수 있다.

(8) 드론의 상승과 하강

드론의 상승과 하강은 드론 카메라의 페더스탈(Pedestal) 또는 지미집, 크레인의 붐업과 붐다운과 유사한 움직임을 만들어낸다. 이러한 움직임들은 카메라 또는 촬영 장비를 수직으로 움직여서 수평 방향으로 조정하거나 높이를 조절한다. 그러나 드론은 공중에서 작동하기 때문에 지면에 고정되어 있는 크레인과는 달리 자유롭게 이동할 수 있으므로 움직임의 범위가 더 넓을 수 있다.

드론의 페더스탈, 지미집 또는 크레인의 붐업과 붐다운과 같은 움직임은 다음과 같은 몇 가지 유사점이 있다.

1. 드론의 카메라 각도 조절

페데스탈, 지미집, 크레인의 붐업과 붐다운, 드론의 상승과 하강은 모두 카메라의 각도를 조절하여 다양한 시각을 제공한다.

2. 드론의 높이 조절

이러한 움직임은 카메라 또는 촬영 장비를 위로 또는 아래로 이동시켜 높이를 조절하여 촬영하는 장면의 높이를 조절한다.

3. 드론의 다양한 시점 제공

각각의 움직임은 다양한 시점에서의 촬영을 가능하게 하여 보다 다양하고 풍부한 영상을 제공한다.

4. 드론의 유연한 조작

드론의 경우 조종자가 리모컨 또는 조종 앱을 통해 실시간으로 조작할 수 있어서 사용자가 필요에 따라 촬영 시나리오를 신속하게 조정할 수 있다.

이러한 움직임은 영상 제작에서 중요한 역할을 하며, 촬영하는 장면에 따라 적절한 움직임을 선택하여 사용한다.

(9) 드론의 전진과 후진

드론의 전진과 후진은 레일(Rail)이나 스테디캠(Steadicam)을 이용하여 다가오거나 멀어지는 동작과 유사한데, 이러한 동작을 달리인(Dolly in)과 달리아웃(Dolly out)이라고 한다.

1. 달리인(Dolly in)

달리인은 카메라나 촬영 장비를 전진시켜서 대상에 더 가깝게 다가가는 동작을 의미한다. 이는 장면에서 대상을 강조하거나 감정적인 연출을 위해 사용될 수 있다. 레일을 사용하는 경우, 카메라가 레일을 따라 전진하면서 촬영한다.

2. 달리아웃(Dolly out)

달리아웃은 카메라나 촬영 장비를 후진시켜서 대상으로부터 멀어지는 동작을 의미한다. 이는 장면에서 대상의 고립감을 표현하거나 씬을 종료할 때 사용될 수 있다. 레일을 사용하는 경우, 카메라가 레일을 따라 후진하면서 촬영한다.

레일이나 스테디캠을 사용하여 달리인과 달리아웃을 구현할 때는 카메라의 움직임을 부드럽게 제어하여 자연스러운 전환을 만들어야 한다. 이러한 기술은 촬영의 전문성과 질을 높이는 데 중요한 역할을 한다. 드론을 사용하는 경우에도 전진과 후진을 통해 다양한 시점과 각도로 촬영할 수 있다.

(10) 드론의 좌우 수평이동

드론의 좌우 수평 이동은 공중에서 드론이 좌우로 움직이는 것을 말한다. 이러한 움직임은 기체와 카메라를 따로 조종할 수 있는 드론의 경우에는 다양한 촬영 옵션을 제공한다.

한편, 기체인 경우에는 전진하면서 카메라를 수평으로 이동시켜 측면으로 촬영하는 것이 가능하다. 이는 특정 대상이나 장면의 측면을 따라 움직이면서 촬영하거나, 다양한 시각에서의 촬영을 위해 사용될 수 있다.

드론의 좌우 수평 이동은 다양한 촬영 각도와 시점을 제공하여 새로운 시각에서의 영상을 창출하는 데 사용될 수 있다. 이러한 기능은 드론 조종자가 촬영 시나리오에 따라 다양한 움직임과 각도를 조절하여 원하는 영상을 촬영할 수 있도록 한다.

또한, 드론의 좌우 수평 이동은 촬영 중에도 원하는 각도와 시점을 실시간으로 조절하여 촬영하는 장면에 따라 최적의 촬영 결과를 얻을 수 있도록 한다. 이는 촬영자가 필요에 따라 신속하게 촬영 각도를 조절하고 움직임을 제어할 수 있도록 한다.

(11) 드론의 선회비행

드론의 선회비행(Orbit Flight/Circling Flight)은 특정 대상을 중심으로 원형 또는 타원형의 경로를 따라 비행하는 것을 의미한다. 이는 대상을 중심으로 드론이 원을 그리며 주변을 돌면서 촬영하거나 관찰하는 것을 말한다. 영어로는 Orbit Flight 또는 Circling Flight라고 한다.

드론의 선회비행은 대상을 가장 입체적으로 보여줄 수 있는 방법 중 하나이다. 드론이 대상 주위를 도는 동안 카메라는 대상을 다양한 각도와 시점에서 촬영할 수 있어서, 보다 다양하고 독특한 영상을 제공할 수 있다. 이는 영화나 광고 촬영, 자연 관찰, 건축물 인식 및 감시, 또는 이벤트 촬영 등 다양한 분야에서 유용하게 사용된다.

또한, 드론의 선회비행은 드론의 움직임이 상대적으로 일정하고 부드럽기 때문에 정적인 상태에서도 안정적으로 촬영이 가능하다. 이는 움직임이 없는 정적인 대상을 찍을 때나 피사체를 고정된 각도로 촬영하고 싶을 때 특히 유용하다.

이처럼 드론의 선회비행은 드론 조종자가 설정한 반지름과 속도에 따라서도 다양한 효과를 낼 수 있다. 일정한 반지름과 속도를 유지하면서 원을 그리며 선회비행을 수행하거나, 반지름이나 속도를 조절하여 더 다양한 비행 경로를 만들어 낼 수 있다. 이러한 다양한 설정은 촬영하는 대상과 촬영 목적에 따라 조절되어야 한다.

(12) 드론의 카메라의 줌(Camera Zoom)

드론의 카메라의 줌(Camera Zoom)은 촬영하는 대상에 따라 적합한 시야를 선택하고, 촬영하는 장면에 원하는 감정이나 분위기를 부여하는데 중요한 역할을 한다. 예를 들어, 줌인(Zoom In)을 통해 피사체를 확대하여 강조하고, 줌아웃(Zoom Out)을 통해 넓은 환경을 보여줌으로써 촬영 대상에 대한 컨텍스트를 제공할 수 있다.

한편, 카메라의 줌(Camera Zoom)을 효과적으로 활용하기 위해서는 촬영 목적과 원하는 효과에 따라 적절한 줌인(Zoom In)과 줌아웃(Zoom Out)을 선택하는 것이 중요하다. 또한, 줌의 속도 또한 촬영하는 장면의 분위기나 감정을 결정하는 요소 중 하나이다. 한편, 슬로우줌(Slow Zoom)은 부드럽고 우아한 전환을 만들어내며, 퀵줌(Quick Zoom)은 긴장감과 급격한 전환을 강조하는데 사용된다.

드론을 사용하는 경우, 카메라의 줌을 조절함으로써 촬영하는 장면에 더 다양한 시각적 효과를 부여할 수 있다. 드론의 움직임과 함께 카메라 줌을 조절함으로써 동적인 촬영을 만들어내며, 이는 촬영 영상에 더 많은 생동감과 몰입감을 불러일으킨다.

이처럼 카메라 줌(Camera Zoom)을 적절하게 활용하면 촬영하는 대상에 대한 시각적 표현을 향상시키고, 촬영 영상에 더 많은 차원과 깊이를 부여할 수 있다. 따라서 카메라 줌을 효과적으로 활용하여 다양한 촬영 목적에 맞는 영상을 만들어내는 것이 중요하다.

(13) 드론의 카메라의 팬(Camera Pan)

드론의 카메라의 팬(Camera Pan)은 수평축을 중심으로 카메라(Camera)를 좌우(Left and Right)로 움직여 시야를 이동시키는 기술로, 좌팬(PL, Paning Left)과 우팬(PR, Panind Right)이 있으며, 한 화면에 담을 수 없을 때나 밀집한 곳을 보여줄 때, 드론 기체보다 빠른 피사체를 따라가며 촬영할 때 사용한다. 다음과 같이 다양한 촬영 상황에서 유용하게 활용된다.

1. 한 화면에 담을 수 없을 때

넓은 지역이나 큰 풍경을 촬영할 때, 카메라 팬을 사용하여 좌우로 움직여 시야를 이동시킴으로써 전체적인 풍경을 담을 수 있다. 이는 특히 드론과 같은 고공에서의 촬영에서 효과적이다.

2. 밀집한 곳을 보여줄 때

좁은 공간이나 도시의 번화가 등 밀집한 지역을 촬영할 때, 팬을 통해 좌우로 시야를 이동시켜 중요한 부분을 강조하거나 특정 구역을 감지할 수 있다.

3. 빠른 피사체 추적

드론의 카메라 팬을 사용하면 드론이나 카메라가 빠르게 움직이는 대상을 따라가며 촬영할 수 있다. 이는 스포츠 이벤트나 자동차 레이싱과 같이 빠른 움직임을 포착해야 하는 상황에서 효과적이다.

4. 촬영의 다양성과 창의성 증가

드론의 카메라 팬을 사용하면 정적인 촬영이 아닌 동적인 움직임을 부여할 수 있다. 이는 촬영자가 새로운 시각과 각도를 탐험하며 창의적인 영상을 만들어내는 데 도움을 준다.

이처럼 드론의 카메라의 팬은 드론이나 스테디캠과 같은 이동형 촬영 장비에서 특히 유용하게 사용되며, 다양한 촬영 상황에서 촬영자에게 창의적인 옵션을 제공한다. 드론의 카메라의 팬을 활용하여 자연스럽고 다이내믹한 움직임을 부여함으로써 촬영 영상의 품질과 효과를 향상시킬 수 있다.

(14) 드론의 카메라의 틸트(Camera Tilt)

드론의 카메라의 틸트(Camera Tilt)는 드론의 수직축을 중심으로 카메라를 위로 또는 아래로 기울여 시야를 조절하는 기능을 말한다. 이 기능은 틸트업(Tilt Up)과 틸트다운(Tilt Down) 두 가지 동작으로 나누어 진다. 드론의 틸트업(Tilt Up)은 카메라를 위로 기울여 수직축을 따라 위쪽으로 시야를 이동시키는 것이다. 틸트업은 주로 고소한 구조물이나 높이 있는 장면을 촬영할 때 사용된다. 예를 들어, 드론의 카메라를 틸트업하여 고층 건물이나 산 등의 높은 구조물을 아름답게 촬영할 수 있다. 한편, 드론의 틸트다운(Tilt Down)은 카메라를 아래로 기울여 수직축을 따라 아래쪽으로 시야를 이동시키는 것이다. 틸트다운(Tilt Down)은 대상을 아래에서 바라볼 때 사용된다. 예를 들어, 드론의 카메라를 틸트다운하여 절벽이나 계곡과 같은 깊은 곳을 촬영할 수 있다.

이처럼 드론은 카메라의 틸트(Camera Tilt)를 통하여 촬영하는 대상의 높이와 각도를 조절하여 다양한 시각적 효과를 부여할 수 있다. 이는 촬영하는 대상의 높이나 위치에 따라 적절한 시야를 선택하여 다양한 각도에서 촬영할 수 있도록 해준다. 따라서 틸트 기능을 적절히 활용하여 다양한 촬영 영상을 만들어낼 수 있다.

(15) 드론의 버즈아이뷰샷(Bird's Eye View Shot)

드론의 버즈아이뷰샷(Bird's Eye View Shot)은 주로 고공에서 아래로 내려다보는 시점에서 촬영하여 주변 환경을 새(조류)의 시각과 유사하게 보여주는 것을 의미한다. 이는 드론이나 헬리콥터와 같은 공중 장비를 사용하여 촬영될 수 있다. 이 촬영 방식은 대상을 위에서 내려다보는 시점에서 촬영하기 때문에 전체적인 풍경과 레이아웃을 강조할 때 매우 유용하다. 예를 들어, 자연 경관이나 도시의 건물 군집 등을 촬영할 때 주로 사용된다. 하이앵글샷(High Angle Shot)은 높은 곳에서 아래로 바라보며 촬영하는 것을 의미한다. 이는 일반적으로 카메라가 지상에서 높은 위치에 있어서 아래로 내려다보는 시점에서 촬영하는 것을 말한다. 이 시점은 대상을 상대적으로 작게 보이게 하여 전체적인 풍경이나 레이아웃을 강조할 때 사용된다. 예를 들어, 영화나 드라마에서는 장면의 극적인 효과를 위해 사용되는 경우가 많다. 한편, 에이리얼샷(Aerial Shot)은 공중에서 촬영하는 것을 의미한다. 이는 드론이나 헬리콥터와 같은 공중 장비를 사용하여 공중에서 주변 환경을 촬영하는 것을 말한다. 이러한 촬영 방식은 드론을 사용하여 자연 경관, 도시 풍경, 건물 등을 고공에서 촬영할 때 주로 사용된다. 이처럼 드론의 고공에서의 촬영은 전체적인 풍경을 감상할 수 있는 시각적 효과를 제공하여 촬영 대상의 컨텍스트를 명확하게 전달하는 데도움이 된다. 이러한 공중 촬영 방식을 통해 다양한 각도와 시점에서의 촬영이 가능하며, 이를 통해 다이내믹하고 효과적인 영상을 제작할 수 있다.

(16) 드론의 호버링샷(Hovering Shot)

드론의 호버링샷(Hovering Shot)은 다양한 촬영 환경과 목적에 따라 유용하게 활용될 수 있다. 예를 들어, 자연경관이나 건물 등의 대형 구조물을 촬영할 때는 넓은 지역을 한눈에 담아내기 위해 사용될 수 있다. 이를 통해 더욱 멋진 풍경을 효과적으로 담아내고, 시청자에게 몰입감을 제공할 수 있다.

그리고 드론의 호버링샷(Hovering Shot)은 이벤트나 축제 등 다양한 행사를 촬영할 때에도 활용된다. 공연이나 행진 같은 다양한 이벤트를 촬영할 때 드론을 사용하여 다양한 각도에서 생생한 영상을 제작할 수 있다. 이는 행사의 분위기나 규모를 효과적으로 전달할 수 있다.

또한, 드론의 호버링샷(Hovering Shot)은 부동산이나 건설 현장에서도 유용하게 사용된다. 부동산 거래나 건설 프로젝트의 진행 상황을 촬영하여 고객이나 이해관계자들에게 제공할 수 있다. 이를 통해 더욱 생생하고 정확한 정보를 제공하여 의사 결정에 도움을 줄 수 있다.

드론의 호버링샷은 다양한 촬영 기술과 조작 기술이 필요하며, 안정적인 비행과 정확한 카메라 조작이 중요하다. 또한, 해당 지역의 항공 규정을 준수하여 안전한 비행을 유지하는 것도 중요한 요소이다. 따라서 드론을 활용한 호버링샷 촬영을 진행할 때에는 전문적인 훈련과 경험이 필요하다.

(17) 비히클샷(Vehicle Shot)

드론의 비히클샷(Vehicle Shot)은 다양한 장면과 상황에서 활용될 수 있다. 예를 들어, 자동차 경주나 모터스포츠 이벤트를 촬영할 때는 경주 차량들을 따라가면서 역동적인 영상을 제작할 수 있다. 이는 시청자들에게 경주의 긴장감과 속도감을 전달하여 더욱 생생한 시청 경험을 제공할 수 있다.

그리고 자동차 광고나 영화 촬영에서도 드론의 비히클샷(Vehicle Shot)이 활용된다. 자동차의 디자인과 성능을 부각시키는 데 사용되며, 다양한 각도에서의 촬영을 통해 시청자에게 더욱 다채로운 시각적 경험을 제공할 수 있다. 이를 통해 제품 또는 영화의 매력을 더욱 부각시킬 수 있다.

또한, 도로 상황을 촬영하여 교통 상황을 모니터링하거나 도로 안전에 관한 정보를 제공하는 데에도 드론의 비히클샷은 유용하게 활용될 수 있다. 도로 공사나 교통 사고 현장 등을 촬영하여 실시간으로 상황을 파악하고 관련 당국에 정보를 전달하는 데에 활용될 수 있다.

드론의 비히클샷(Vehicle Shot)을 성공적으로 수행하기 위해서는 고급 드론과 전문적인 조종사가 필요하다. 높은 안정성과 정확성을 갖춘 드론을 사용하여 안전하고 부드러운 추적 촬영을 할 수 있도록 노력해야 한다. 그리고 드론 비행 중에는 주변 환경과 안전에 항상 주의해야 하며, 해당 지역의 항공 규정을 준수해야 한다.

(18) 트랙에이드샷(Tracking Shot)

드론의 트랙에이드샷(Tracking Shot)은 드론이 피사체를 따라가면서 고도, 거리, 속도를 일정하게 유지하면서 원주를 돌며 촬영하는 기법을 말한다. 이 기법은 피사체를 중심으로 드론이 회전하면서 촬영하여 입체적이고 생동감 있는 영상을 제작 하는데에 활용된다.

드론의 트랙에이드샷(Tracking Shot)은 주로 홍보 영상이나 영화 등에서 사용되며, 제품이나 장면을 입체적으로 표현하고자 할 때 많이 활용된다. 드론이 피사체를 따라가면서 일정한 거리와 고도를 유지하며 원주를 돌면서 촬영하기 때문에 피사체가 공간에서 움직이는 모습을 다양한 각도와 시야에서 보여줄 수 있다.

이러한 드론의 트랙에이드샷(Tracking Shot)은 제품 홍보나 관광 홍보, 영화 촬영 등 다양한 분야에서 활용될 수 있다. 제품의 입체적인 디자인이나 성능을 부각시키기 위해 사용되거나, 관광 명소나 자연 경관을 생생하게 보여주기 위해 사용될 수 있다. 또한, 영화나 드라마 촬영에서도 캐릭터나 장면의 움직임을 생동감 있게 표현하기 위해 활용된다.

한편, 드론의 트랙에이드샷(Tracking Shot)을 수행하기 위해서는 고급 드론과 숙련된 조종사가 필요하다. 피사체를 안정적으로 추적하면서 일정한 거리와 고도를 유지하며 원주를 돌며 촬영하기 위해서는 정교한 비행 기술과 안정적인 조종이 필요하다. 또한, 촬영 중에는 주변 환경과 안전에 항상 주의해야 하며, 해당 지역의 항공 규정을 준수해야 한다.

(19) 플라잉샷(Flying Shot)

드론의 플라잉샷(Flying Shot)은 드론이 계곡, 폭포, 능선 등과 같은 지형을 따라 비행하면서 저고도에서 촬영하는 기법을 의미한다. 이 기법은 지형의 특성을 활용하여 드론을 낮은 고도에서 비행시켜 다양한 장소를 탐험하고, 생생한 경험을 시청자에게 제공한다.

드론의 플라잉샷(Flying Shot)은 특히 근접촬영으로 속도감을 표현하는 데에 많이 활용된다. 드론이 지형과 가까이 다가가면서 고속으로 비행하면서 촬영하기 때문에 시청자에게 현장에 직접 존재하는 것처럼 느껴진다. 이를 통해 저고도에서의 역동적인 촬영을 가능하게 하며, 자연의 아름다움이나 장면의 매력을 뚜렷하게 강조할 수 있다.

앞선 드론의 비히클샷(Vehicle Shot)과 비교하면, 드론의 플라잉샷(Flying Shot)은 지형과의 밀착된 비행을 통해 더욱 역동적이고 생동감 있는 영상을 제작할 수 있다. 계곡이나 폭포와 같은 자연적인 장면을 따라 비행하면서 자연의 아름다움을 감상할 수 있으며, 능선을 따라 비행하면서 경치를 효과적으로 표현할 수 있다.

한편, 드론의 플라잉샷을 수행하기 위해서는 정교한 비행 기술과 안정적인 조종이 필요하다. 지형과의 안전거리를 유지하면서 안전하게 비행하고, 고속 비행 중에도 안정적으로 카메라를 조작하여 고품질의 영상을 제작할 수 있어야 한다. 또한, 촬영 중에는 주변 환경과 안전에 항상 주의해야 하며, 해당 지역의 항공 규정을 준수해야 한다.

2) 촬영 장소별 유의사항

(1) 도심

드론으로 사진 및 동영상 촬영을 하기 전에, 드론 기체와 짐벌의 올바른 연결상태 확인, 드론 기체와 프로펠러의 올바른 연결상태 확인, 배터리의 완충상태 확인, 드론 기체와 조종기의 무선연결 상태 확인, GPS 수신 상태확인, 드론 비행이 가능한 풍속 확인이 우선 되어야 한다. 만약, 통신교란이 발생한 경우에는, 기체와 조종기의 바인딩을 다시 하고, 조종기에서 Gohome 레버를 작동시키고, 조종기의 전원을 끈다. 여기서 주의할 점은, 조종기 전원을 넣은 후 스로틀 레버는 중립에 위치시켜야 되는데 스로틀이 아래의 방향으로 위치하게 되면 바인딩 후 드론 기체가 아래로 추락하게 되니 주의가 필요하다.

특히, 도심에서 촬영을 하는 경우에는 드론 기체가 전기줄에 걸리면 기체의 추락으로 인명과 재산에 매우 큰 문제가 되며, 전봇대의 안정기가 파손될 수 있어서 2차적인 위험이 발생하게 되므로 각별히 유의해야 한다.

이처럼 도심에서 드론 촬영을 시작하기 전에는 몇 가지 중요한 사항을 확인해야 한다. 먼저, 드론 기체와 카메라의 연결 상태를 확인하여 안정적인 촬영을 보장한다. 프로펠러와 배터리 상태도 중요하다. 그리고 드론과 조종기 간의 무선 연결과 GPS 신호도 확인해야 한다. 특히 도심에서는 전기선과 같은 장애물을 피해야 하며, 통신 장애시 바로 조치를 취해야 한다. 이런 조건을 고려하여 안전하고 원활한 촬영을 위한 준비가 필요하다.

(2) 산, 계곡

산이나 계곡은 주위의 나무로 인하여 통신장애가 발생하며, 조종기나 드론 기체의 GPS가 아주 불안정하게 된다.

드론으로 산이나 계곡에서 촬영을 하는 경우에는 GPS 수신감도 확인이 무어보다 중요하며, 수신감도가 낮은 장소에서 이륙을 하는 경우에는 비행하는 드론이 통신이 불안정한 상태에서 조종기의 Gohome이 작동되면 기체가 복귀하다가 방향을 잡지 못하고 주위의 나무에 충돌하거나 다른 방향으로 이동하여 소실이 되는 경우가 빈번히 발생한다.

드론으로 산이나 계곡에서 촬영시 육안으로 기체가 확인가능한 범위에서 시계비행을 하는 것을 좋으며, 조종자 시각에서 기체를 산, 계곡보다 높게 비행하는 것이 위험한 상황을 피할 수 있다.

이처럼 산이나 계곡과 같은 지형에서의 드론 촬영은 특히 조심해야 한다. 주변의 나무와 지형은 GPS 신호를 방해하여 통신 장애를 일으킬 수 있으며, 이로 인해 드론의 안정성이 크게 저하될 수 있다.

이러한 환경에서는 GPS 수신감도뿐만 아니라 신호의 안정성도 확인이 매우 중요하다. 특히 GPS 수신이 불안정한 경우, 조종기의 Gohome 기능을 작동시키면 드론이 정확한 위치를 파악하지 못하고 주변 장애물에 충돌할 가능성이 있다.

한편, 산이나 계곡에서 촬영할 때는 육안으로 기체를 확인할 수 있는 범위에서 비행하는 것이 중요하다. 드리고 가능하다면 드론을 산이나 계곡보다 높게 비행시켜 주변 장애물과의 충돌을 피할 수 있도록 해야 한다.

한편, 시계비행을 통해 기체를 안전하게 조종하고 촬영할 수 있다. 이는 조종자 시각에서 기체를 잘 파악하고 주변 환경을 고려하여 비행할 수 있는 방법이다.

이와같이 산이나 계곡에서의 드론 촬영은 위험 요소가 많기 때문에 조심스럽게 접근해야 한다. 촬영 전에 지형을 신중하게 조사하고 안전한 비행 경로를 설정하는 것이 중요하다.

(3) 바닥, 강

드론으로 바다나 강을 촬영하는 경우, 태양의 위치를 고려하는 것이 중요하다. 특히 태양이 너무 밝게 비추는 경우, 화면이 너무 밝아지거나 반사물이 발생하여 촬영 품질이 저하될 수 있다. 따라서 태양이 비추는 각도와 방향을 고려하여 촬영하는 것이 좋다.

또한, 바닷가에서는 시계비행과 계기비행을 병행하여 비행하는 것이 중요하다. 시계비행은 조종자의 시각으로 드론을 확인하면서 비행하는 것을 말하며, 계기비행은 드론의 조종기나 화면에서 드론의 상태를 확인하면서 비행하는 것을 말한다. 이를 병행하여 드론의 위치와 상태를 안정적으로 유지할 수 있으며, 배터리의 방전으로 인한 추락 위험을 최소화할 수 있다.

4.6. 드론 촬영 데이터의 편집

드론 촬영에서 좋은 결과물을 얻기 위해서는 촬영에 사용되는 드론 기체에 대해서도 잘 알아야 하고, 또한 드론에서 취득한 데이터를 기반으로 편집을 하는 경우에는 여러 종류의 소프트웨어 프로그램(Software Program)을 잘 다루어야 오차를 최소화할 수 있다. 최근 기술의 발전과 더불어 사용자 편리성을 강조한 프로그램이 많이 출시되고 있어서 많이 사용되는 소프트웨어 프로그램(Software Program)은 익혀야 한다.

가. 어도비 프리미어 프로(Adobe Premiere Pro)

어도비 프리미어 프로(Adobe Premiere Pro)는 Adobe사에서 만든 실시간 타임라인 기반의 영상편집 프로그램으로, 윈도우 OS와 맥 OS에서 실행이 가능하고, 여러 가지 비디오 효과를 낼 수 있도록 전문영상 제작이 가능하다.

또한, Adobe사의 다양한 프로그램과 연동이 가능하여 다양한 영상포멧을 지원하고 별도의 변환코딩을 거치지 않아도 촬영장비에 따라 편하게 작업할 수 있는 환경을 제공하고 있다.

프리미어 프로(Premiere Pro) 사용법은 Adobe사 사용자 가이드(help.adobe.com)를 참고하면 프로그램의 상세한 기능부터 궁금한 점에 대하여 도움을 받을 수 있다.

프리미어 프로(Premiere Pro)를 사용하기 위해서는 드론에서 취득한 HD비디오를 편집할 수 있는 최소 하드웨어사양이 필요하니 본인의 컴퓨터가 아래의 사양을 만족하는지 먼저 확인이 필요하다.

① Window용 HD비디어 편집 요구사항

프로세스: Intel 6세대 이상 또는 AMD Ryzen 1000시리즈 이상
운영체제: Windows 10(64비트) V20H2 이상
메모리: RAM 8GB
GPU: 메모리 2GB
Mac OS용 HD비디오 편집 요구사항
프로세스(Process): Intel 6세대 이상
운영체제 : macOS Monterey 12 이상
메모리: RAM 8GB
GPU: Apple Silicon 통합 메모리 8GB이상, Intel GPU메모리 2GB

HD비디오 편집을 할 수 있는 하드웨어 사양을 확인하였다면, 새 프로젝트(New project) 시작을 하고, 취득한 영상을 가져오기 하여 편집, 전환 및 효과추가, 색상편집, 오디오 믹싱에 대하여 작업을 한다.

② 새로운 프로젝트를 만들려면, [그림. 52] Premiere Pro 화면

에서 새 프로젝트를 선택하거나, Ctrl+Alt+N(Windows) 또는 Opt+Cmd+N(macOS)의 단축키를 선택한다.

[그림. 52] 프리미어 프로(Premiere Pro) 새 프로젝트 선택하기
출처: www.adobe.com

③ 비디오 및 오디오 가져오기는 미디어 브라우저를 사용하거나, Ctrl+Alt+I(Windows) 또는 Opt+Cmd+I(macOS) 의 단축키를 사용한다.

④ [그림. 53]의 프로젝트 패널(Project Panel)에서 소스모니터(Source monitor)를 사용하면 클립을 보고 편집점을 설정하고, 클립을 시퀀스(Sequence)에 추가하기 전에 프레임을 표시할 수 있게 된다. 패널의 시퀀스에 클립을 추가하려면 프로젝트 패널에서 삽입을 하거나 덮어쓰기를 사용한다.

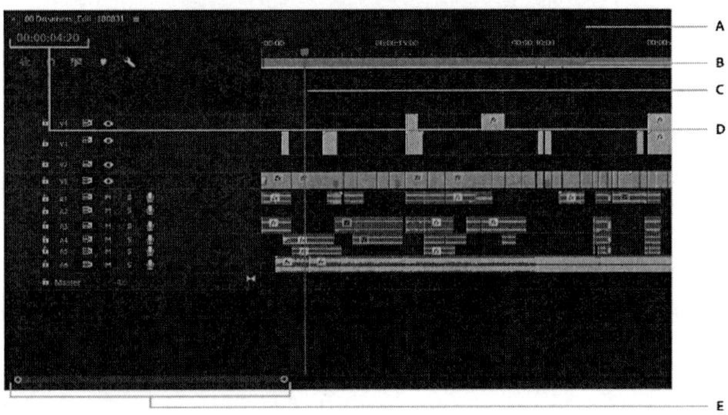

Navigation controls

A. Time ruler **B.** Work area bar **C.** Playhead **D.** Playhead position **E.** Zoom scroll bar

[그림. 53] 프리미어 프로(Premiere Pro) 시퀀스 취합 및 다듬기(위), 네비케이션 컨트롤 타임라인(Navigation control timeline)(아래)
출처: www.adobe.com

⑤ 전환은 클립간에 서로 이동할 때(예를 들어서 장면을 한 샷에서 다음 샷(Shot)으로 이동) 사용하며, [그림. 54] 프리미어 프로(Premiere Pro)은 오디오 전환, 비디오 전환, VR전환을 사용할 수 있도록 지원하고 있다.

[그림. 54] 프리미어 프로(Premiere Pro) 전환
출처: www.adobe.com

⑥ 프리미어 프로(Premiere Pro)는 타임라인 패널(Timeline Panel)에 추가하는 클립에 기본효과를 미리 포함하고 있는데, 기본효과는 효과 컨트롤 패널(Control panel)에서 동작, 불투명도, 시간 다시 매핑(Mapping), 볼륨 속성을 제어하거나 조정할 수 있다.

또한, 사용자가 직접 클립에 적용하는 표준효과, 효과를 클립을 적용하거나 트랙을 적용하는 클립기반 또는 트랙기반 효과, 그리고 외부에서 만든 효과를 가져와 사용하는 효과 플로그인을 제공하고 있다.

⑦ RGB 및 색도 채도 등을 [그림. 55]와 같이 수정하거나 그림자, 톤 조정 등을 사용하여 색상을 편집할 수도 있고, 오디오를 비디오와 동기화하서나 배경 노이즈(Noise)를 줄이는 것도 가능하다.

[그림. 55] 프리미어 프로 (Premiere Pro) 색상편집
출처: www.adobe.com

나. Pix4D Mapper

Pix4D Mapper는 2차원 이미지를 이용하여 고정밀 지도를 제작하는데 사용되는 프로그램으로, 토지대장 지적도를 검증하거나 공사관리, 도로선형분석, 농작물분석, 산림모니터링 등의 다양한 작업이 가능하고, Pix4D사는 Mapping and 3D Modeling, Data Capture Applications, Data Capture Hardware, Cloud Solutions, Digital Surveying으로 제품라인업을 갖추고 있다.

Pix4D Mapper는 [그림. 56]과 같이 Tie Point를 형성하여 3원 포인트 데이터와 메쉬데이터를 생성하는 이미지 기능을 갖추고 있는데, 본인의 프로젝트 크기를 고려하여서 소단위로 분할하여 프로세싱 후 병합하는 방법으로 진행하는 것이 좋다.

[그림. 56] Pix4Dmapper

출처: www.pix4d.com

드론에서 취득한 데이터를 후처리하는 Pix4D mapper에 대하여 간략히 살펴 본다.

Pix4Dmapper 사용법은 Pix4D사의 온라인 매뉴얼을 참고하면 (support.pix4d.com) 오프라인 시작부터 제작방법에 대하여 상세한 설명이 되어있다.

기본적으로 [그림. 57]과 같이 드론(Drone)에서 이미지 캡처(Image Capture), 프로세스(Process), 분석(Analyze), 공유(Share) 과정의 순서로 진행되며, 프로세스(Process)에는 초기 처리(Initial Processing), 포인트 클라우드 메쉬(Point Cloud Mesh, DSM, 정사진 및 인텍스(Orthmosacic & Index)의 단계를 거치며, 입력좌표계는 WGS S4 세계측지계를 사용하고 있다.

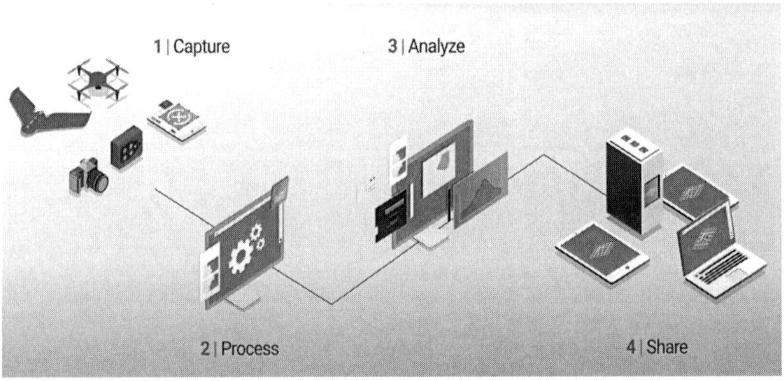

[그림. 57] Pix4Dmapper의 과정

출처: www.pix4d.com

우선 Pix4Dmapper를 설치하게 되면, [그림. 58] 메인화면은 메뉴 표시줄(Menu Bar), 도구모음(Tool Bar), 도구모음보기(View Toolbar), 기본작업공간(Primary Workspace)로 구성되어 있다.

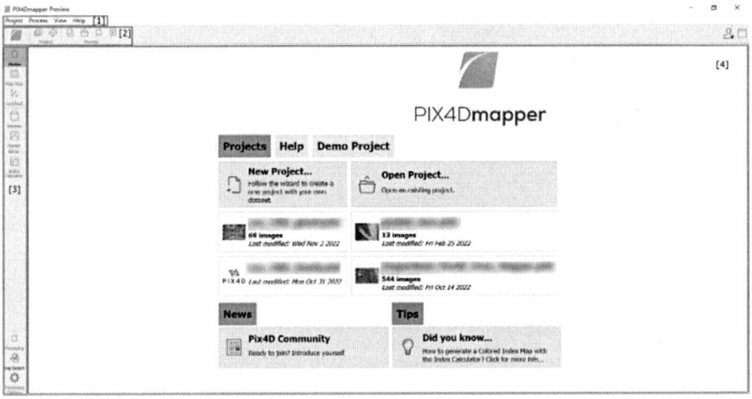

[그림. 58] Pix4Dmapper 메인화면

출처: www.pix4d.com

① 메뉴 표시줄: 프로젝트, 프로세스, 보기, 도움으로 구성되어 있으며, 메뉴 모음 항목내의 여러 옵션은 프로젝트의 상태와 선택옵서에 따라서 활성화되거나 회색으로 표시된다.

- 프로젝트: 프로젝트 생성, 열기, 닫기, 저장, 분할하고 PIX4Dcloud에 프로젝트를 업로드할 수 있고, 이미지, GCP 및 출력 좌표계의 속성을 보고 정의한다
- 프로세스: 모든 처리 옵션과 작업에 엑세스 한다.
- 보기: 지도, 레이클라우드(Ray Cloud), 볼륨(Volume), 모자이크(Mosaic) 편집기 또는 인덱스 계산기 외에 추가 메뉴 모음 항목에는 선택한 보기와 관련된 옵션이 포함된다.
- 도움말: 메뉴얼, 지원 사이트 및 커뮤니티 페이지에 엑세스 한다.

② 도구모음(Tool Bar): 버튼은 프로젝트의 상태와 선택옵션에 따라 활성화되거나 회색으로 표시되는데, 각 버튼의 동작은 메뉴 표시줄을 통해서도 액세스할 수 있다.

도구모음 왼쪽

- 프로젝트: 이미지속성편집기(Image Properties Editor), GCP/MTP 관리자(GCP/MTP Manager)들이 있다.
- 프로세스: 품질보고서(Quality Report), 결과폴더열기(Open Results Folder), 재최적화(Reoptimize),재매칭과 최적화(Rematch and Optimize)들이 있다.

도구모음 오른쪽

사용자옵션(User Options), 사이드바표시(Show Sidebar), 사이드바 숨기기(Hide Sidebar)들이 있다.

③ 도구모음보기(View Toolbar)

메인 창 왼쪽에 보기, 막대(처리 및/또는 로그 출력 막대), 처리 옵션 창을 선택할 수 있다. 프로젝트의 상태와 선택한 옵션에 따라 다양한 옵션이 활성화되거나 회색으로 표시된다. 한편, 도구모음보기에는 시작(Welcome), 지도보기(Map View), 레이클라우드(rayCloud), 볼륨(Volumes), 모자이크편집(Mosaic Editor), 색인계산기(Index Calculator)로 구성되어 있다.

- 지도보기(Map View)

Pix4Dmapper의 지도보기(Map View)는 [그림. 59]과 같이 기본적으로 2D 형식으로 설정되어 있다. 이 지도는 공간 데이터를 2차원 평면상에 표시하여 사용자가 지형이나 구조물 등의 정보를 시각적으로 파악할 수 있도록 한다. 이는 항공 촬영이나 드론 이미지 처리를 통해 생성된 지형 모델이나 지형 정보를 보여주는 데 사용된다.

한편, 사용자는 이 지도를 통해 지형의 경사도, 고도, 거리 등을 확인하고 분석할 수 있다. 이를 통해 토지 개발, 도로 건설, 지형 조사 등 다양한 분야에서 유용하게 활용될 수 있다.

[그림. 59] Pix4Dmapper의 2D보기
출처: www.pix4d.com

- 레이클라우드(rayCloud)와 볼륨(Volumes)

Pix4Dmapper 에서의 레이클라우드(rayCloud)와 볼륨(Volumes)은 3D 보기로 설정되어 있다. 이 설정은 [그림. 60]과 같은 형태로 볼 수 있다. 레이클라우드(rayCloud)는 3차원 포인트 클라우드 형태로 데이터를 시각화하며, 드론이나 항공 사진 촬영으로부터 생성된 포인트 클라우드를 보여준다. 이를 통해 사용자는 실제 지형이나 구조물의 형태를 보다 생생하게 확인할 수 있다.

한편, 볼륨(Volumes)은 공간의 부피를 표현하는 도구로, 3차원 모델의 부피를 분석하고 표시한다. 이를 통해 지형의 부피, 천연 자원의 양 등을 측정하고 분석할 수 있다.

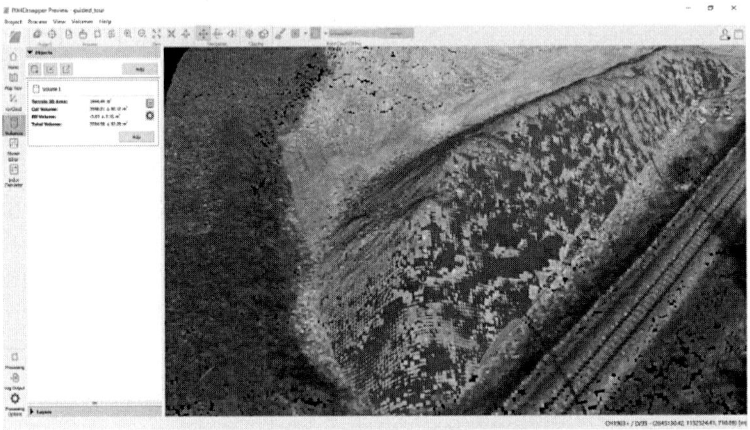

[그림. 60] Pix4Dmapper 레이클라우드
출처: www.pix4d.com

- 모자이크편집(Mosaic Editor)

Pix4Dmapper의 모자이크편집(Mosaic Editor)은 모자이크 보기로 설정되어 있다. 이 설정은 [그림. 61]과 같다. 모자이크편집(Mosaic Editor)은 여러 개의 이미지를 합성하여 하나의 큰 이미지로 만드는 과정에서 생기는 이음선이나 오버랩 부분을 보정하고 수정하는 도구이다. 모자이크편집을 통해 사용자는 이미지의 일관성을 유지하면서 보다 정교한 이미지를 생성할 수 있다. 이는 항공 촬영이나 드론 이미지 처리를 통해 생성된 이미지 모자이크를 보다 세밀하게 편집하고 조정할 때 사용된다.

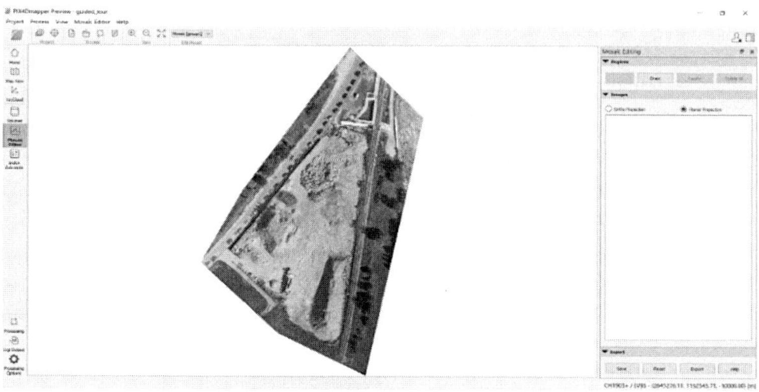

[그림. 61] Pix4Dmapper 모자이크 편집
출처: www.pix4d.com

- 색인계산기(Index Calculator)

Pix4Dmapper의 색인계산기(Index Calculator)는 색인 보기로 설정되어 있다. 이 설정은 [그림. 62]와 같다. 색인계산기(Index Calculator)는 다양한 이미지 지수 및 측정 값을 계산하여 표시하는 도구이다. 이는 항공 촬영이나 드론 이미지 처리를 통해 생성된 이미지를 분석하고, 특정 영역의 지수 값을 측정하고자 할 때 사용된다. 사용자는 색인 계산기를 통해 주요 작물 지수(NDVI, NDRE 등), 토양 지수, 수분 지수 등을 계산하고 이미지로 확인할 수 있다. 이를 통해 작물 생산성, 토양 건강 상태, 수분 조절 등을 평가하고 모니터링할 수 있다

[그림. 62] Pix4Dmapper의 색인 보기
출처: www.pix4d.com

한편, Pix4Dmapper의 프로젝트를 시작하기 위해서는 새 프로젝트 생성, 이미지 가져오기, 이미지속성구성하기, 출력/GCP좌표계 선택, 처리옵션탬플릿 선택 순서로 진행을 한다.

① 새 프로젝트 생성(New Project)

프로젝트 이름을 입력하고, 디렉토리(Directory)는 컴퓨터에 복사한 촬영 이미지폴더를 클릭한다. 이미지는 *.jpg, *.jpeg, *.tif 또는 *.tiff로 가져올 수 있는데, 기본적으로 지원되는 모든 이미지 형식을 선택할 수 있다.

이미지의 형식에 따라 이미지를 필터링하려면 입력형식을 JPEG 이미지(*.jpg, *.jpeg) 또는 TIFF 이미지(*.tif, *.tiff)로 변경하면 된다.

다른 폴더에 저장된 이미지를 선택할 수 있다. [그림. 63]과 같이 한 폴더에서 이미지를 가져온 후 이미지 추가를 다시 클릭하면 다른 폴더에 있는 이미지를 더 추가할 수 있다.

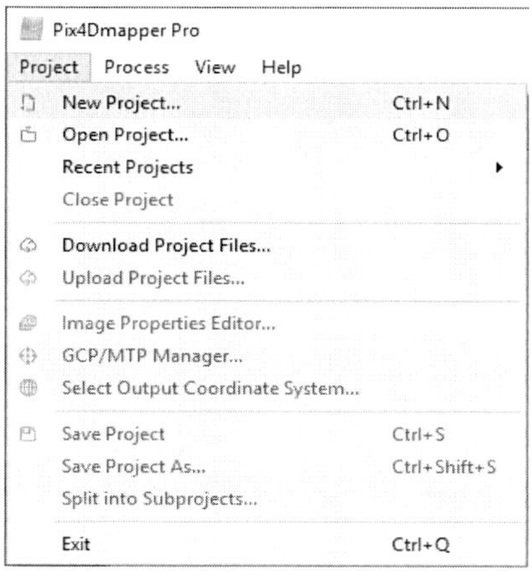

[그림. 63] Pix4Dmapper 새프로젝트 생성하기

출처: www.pix4d.com

② 이미지속성 구성하기(Configuring the image properties)

새 프로젝트 마법사에는 [그림. 64]와 같이 3개의 섹션으로 구성된 이미지 속성 창이 표시된다.

- 이미지 지리적 위치(Image Geolocation): 이미지 지리적 위치가 참조하는 좌표계 설정하고, 좌표와 선택적으로 이미지의 방향 및/또는 좌표의 정확도를 가져오거나 내보낼 수 있으며, 또한 이미지 지리적 위치의 정확도를 설정한다.
- 선택한 카메라 모델(Selected Camera Model): 이미지와 연결된 카메라 모델을 설정하고 구성한다.

- 이미지 테이블(Image Table): 선택한 이미지와 각 이미지의 그룹, 위치, 위치 정확도 및 방향, 이미지의 활성화 여부를 표시한다.

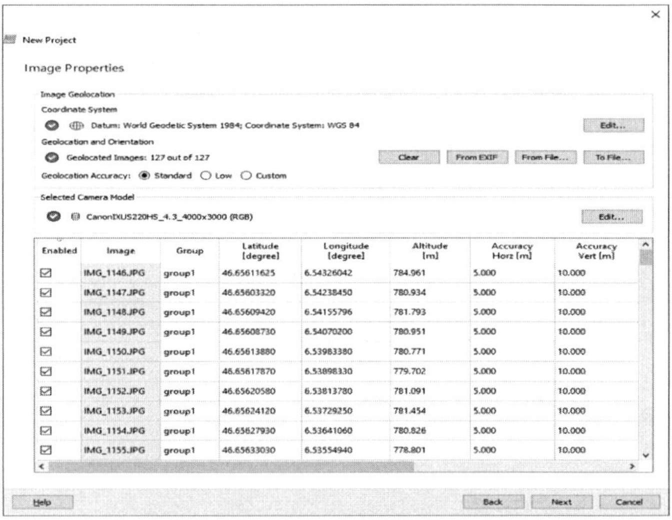

[그림. 64] Pix4Dmapper 이미지속성 구성하기

출처: www.pix4d.com

③ 출력/GCP좌표계 선택(Selecting the Output/GCP Coordinate System)

기본적으로 출력 좌표계와 GCP 좌표계는 동일하다. 출력에 대해 다른 좌표계를 선택하려면 [그림. 65] 처럼 프로젝트 메뉴 > 출력 좌표계 선택하고, GCP에 대해 다른 좌표계를 선택하려면 프로젝트 메뉴 > GCP/MTP 관리자 > GCP 좌표계로 이동한다.

기본적으로 단위는 m(미터)이며, 이미지에 지리적 위치가 있는 경우 기본적으로 자동 감지됨이 선택되어 이미지의 해당 UTM 또는

Nad83 영역이 표시되고, 이미지에 지리적 위치가 없는 경우 기본적으로 임의 좌표계가 선택된다.

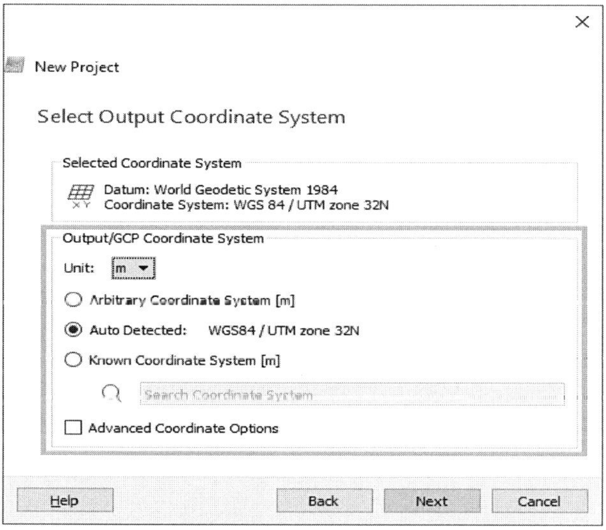

[그림. 65] Pix4Dmapper 출력/GCP좌표계 선택
출처: www.pix4d.com

④ 처리 옵션 템플릿 선택(Selecting the Processing Options Template)

처리 옵션 템플릿은 [그림. 66] 처럼 표준(Standard), 신속(Rapid), 고급(Advanced)으로 세션이 구성되어 있으며, 사용자가 새로운 개인용 템플릿(Personal Templete)을 만들 수도 있다.

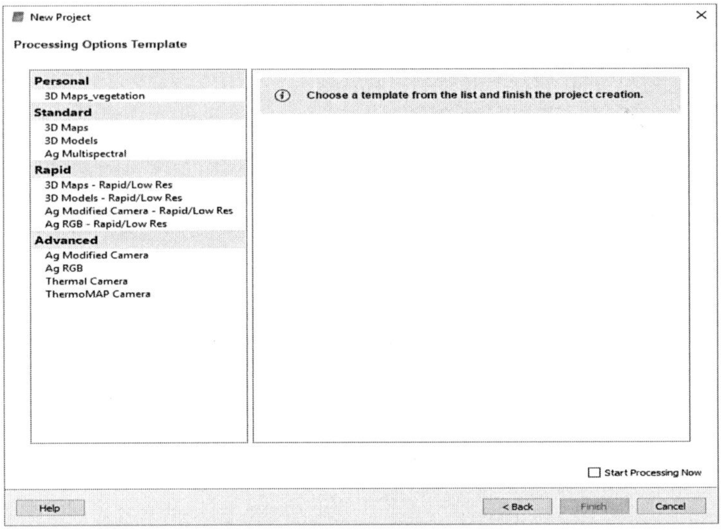

[그림. 66] Pix4Dmapper 처리옵션탬플릿 선택
출처: www.pix4d.com

다. QGIS

QGIS(Quantum Geographic Information System)는 지리 정보 시스템(GIS) 데이터를 생성, 편집, 시각화 및 분석하기 위한 오픈 소스 소프트웨어(Open Source Software)이다. QGIS는 다양한 운영 체제에서 사용할 수 있으며, 공간 데이터 분석, 지도 작성, 지리 정보 시스템 관리, 공간 데이터 시각화 등의 작업에 사용된다. QGIS는 사용자가 다양한 데이터 형식을 읽고 쓸 수 있는 다양한 플러그인과 도구를 제공하여 공간 데이터 분석 및 지리 정보 시스템 작업을 지원한다.

QGIS는 최근 대한민국 국토교통부와 시청 및 구청의 빅데이터팀에서 많이 활용되고 있다. 빅데이터팀에서는 QGIS를 사용하여 다양한 공간 데이터를 관리하고 분석하여 정책 수립과 실행에 활용하고 있다. 예를 들어, 지리 정보를 기반으로 한 정책 수립이나 시행에 필요한 지리 공간 데이터를 수집하고 분석하여 국토 균형 발전 정책, 지역 발전 정책, 환경 보전 정책 등에 활용하고 있다.

그리고 빅데이터팀은 QGIS를 사용하여 지리 정보 시스템(GIS) 데이터를 시각화하고 분석하여 다양한 분야에서 정책에 대한 의사결정을 지원하고 있다. 또한, QGIS를 통해 지도 작성, 지리 정보 시스템 관리, 지리 공간 데이터 시각화, 통계 분석 등의 작업을 효율적으로 수행하고 있다.

QGIS는 [그림. 67]과 같이 윈도우 OS, 맥 OS, Linux와 Android 운영체제에 설치할 수 있으며, 설치관리자 유형은 고급자용과 최신버전 Latest Release, 오류테스트가 되어 수정과 안정화된 버전인 Long term Release Repositor가 있다.

[그림. 67] QGIS
출처: www.qgis.org/ko/site/

QGIS는 [그림. 68]과 같이 메뉴바, 툴바, 패널, 맵화면, 상태바의 5가지로 구성되어 있으며, 사용자의 운영체제 및 배치에 따라서 화면은 다르게 나타난다.

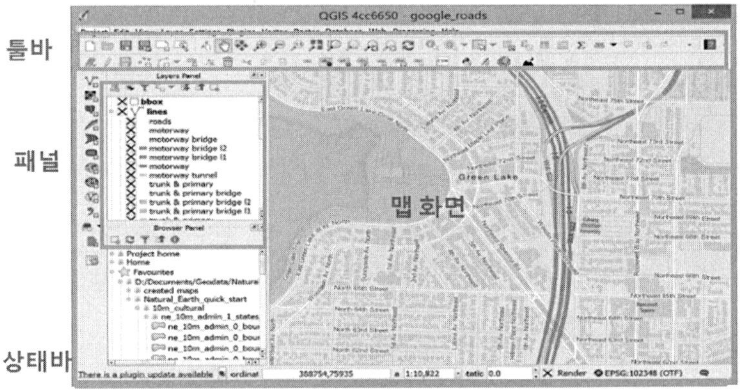

[그림. 68] QGIS 살펴보기
출처: www.qgis.org/ko/site/

QGIS 메뉴에 대하여 간략히 설명하면 다음과 같다.

- 프로젝트(Project): 새로운 프로젝트생성, 프로젝트 파일 열기와 프로젝트 속성을 통하여 파일경로 및 좌표계 등의 확인한다.

- 편집: 디지타이저 작업과 실행취소, 다시 실행 등이 있다.

- 보기: 맵 화면을 확대 및 축소, 통계요약, 측정 등이 있다.

- 레이어(Layer): 레이어 생성 및 추가, 레이어 속성 저장, 레이어 좌표계 설정 등이 있다.

- 설정: 사용자가 좌표계를 정의할 수 있고, 스타일 관리, 스냅옵션

(Snap Option)을 통하여 오차의 허용범위 등을 설정이다.

- 플러그인(Plugin): QGIS의 핵심기능중 확장성의 주요기능인 플러그인을 설치하고 사용할 수 있다.

- 벡터 및 레스터(Vector and Raster): 벡터, 레스터에 필요한 계산 수행이다.

- 데이터베이스: Geopackage, Oracle Spatial, PostGIS, SpatiaLite, Virtual Layers등을 관리하는 데이터베이스를 활용한다.

- 웹: QGIS를 처음 실행할 때는 플러그인의 플러그 관리 및 설치를 통해서 TMS for Korea를 설치 하여야 한다.

- 공간처리: 복잡한 작업을 수행하기 위하여 사용자에 의해 이용되는 공간처리 툴박스이다.

QGIS 브라우저는 [그리. 69]와 같이 GIS 데이터와 GSI 데이터를 손쉽게 다루는데 유용하게 사용할 수 있다.

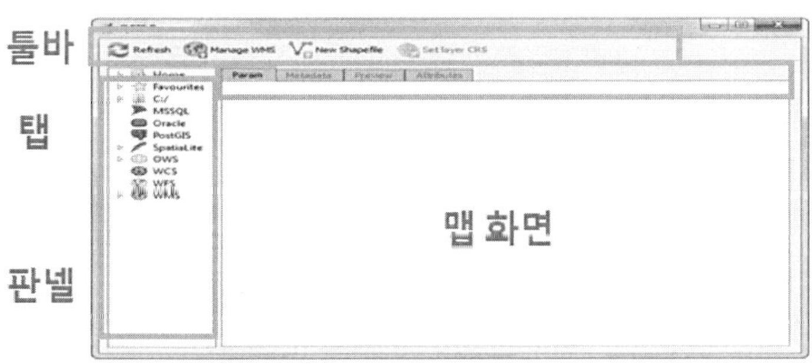

[그림. 69] QGIS 브라우저
출처: www.qgis.org/ko/site/

QGIS에서 다루는 데이터는 벡터데이터(Vector Data), 벡터레이더(Vector Layer), 레스터데이터(Raster Data), 데이터베이스와 웹서비스(Database & Web Services)로 각각에 대하여 살펴보겠다.

① 벡터데이터(Vector Data)

벡터데이터(Vector Data)는 GSI환경에서 나타 내는것들에 대하여 특징들을 정점으로 구성한다.

· 정점(Vertex): x, y, z 값을 사용하여 공간상의 포인트(Point), 폴리라인(Polyline), 폴리곤(Polygon) 위치를 나타낸다.
· 포인트(Point) : x, y, z 값을 가지며, 참조좌표에 따라서 다르게 나타난다.
· 폴리라인(Polyline): 두 개 이상의 정점을 가지고 있으며, 두 정점이 연결되면 선이 만들어지는데 이것을 폴리라인(Polyline)이라고 한다.
· 폴리곤(Polygon): 섬, 지역 경계 등과 같은 둘러싸인 영역을 폴리곤이라고 한다. 폴리곤은 연속된 선으로 연결된 일련의 정점으로 만들어진다.

② 벡터레이더(Vector Layer)

벡터레이어(Vector Layer)는 포인트, 폴리라인 폴리곤(Polyline)을 그룹화하는 것을 말한다.

· 그룹화하는 과정에서 임의의 색상과 기호를 변경하여 사용자의 기호에 맞게 개인화된 지도를 만들 수 있다.

· GIS 프로그램을 통해서 새롭게 만들어진 벡터레이어(Vector Layer)는 수정할 수 있으며, 이러한 과정을 디지타이징(Digitizing)이라고 한다.

③ 레스터데이터(Raster Data)

레스터데이터(Raster Data)는 그리드 또는 셀의 행렬로 구성되며, 각 셀에는 해당 셀이 차지하는 영역의 조건을 나타내는 값들이 있다.

④ 데이터베이스와 웹서비스(Database & web services)

QGIS는 PostGIS, SpatiaLite, Microsoft SQL, Oracle database 등을 지원하며, [그림. 70]과 함께 GIS 주제별로 데이터베이스를 구성할 수 있다.

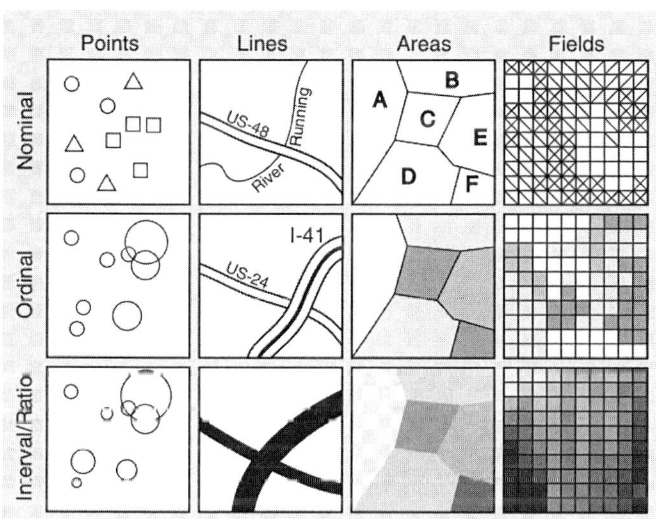

[그림. 70] 공간정보 데이터유형 속성
출처: Geographic Information Analysis Second Edition

연습문제

1. 드론 촬영의 응용분야에 대하여 예를 들어 설명하시오.

2. 드론 촬영 구성 장치들에 관하여 설명하시오.

3. 드론 촬영승인과 비행승인 방법에 대하여 설명하시오.

4. 대한민국 항공안전법 시행규칙 제308조에 대하여 찾아보고 느낌점을 서술하시오.

5. 드론 촬영에서 자동비행 지원 기능(Autonomous Flight Support Feature)들에 관하여 설명하시오.

05-기본내용

드론 데이터의 활용

5.1. 공간정보

지리정보시스템(GIS: Geographic Information System)는 지구상의 모든 객체를 점, 선, 면, 레스터를 이용하여 공간관계, 패턴, 프로세스를 해석하는 것이라고 할 수 있으며, 공간정보는 지리정보시스템(GIS: Geographic Information System)를 기반으로 지리적인 위치, 공간적인 상호관계, 시간에 따른 변화를 나타 내는 것이라고 할 수 있다.

드론(Drone)의 비행고도에서 대상목적물과 드론(Drone) 촬영장비의 거리는 촬영면적을 변화시키게 된다. 고도에 따라서 필요한 사진의 숫자가 차이가 나기에 비행가능 고도를 제한하거나 높은 고도에서의 촬영사진과 낮은 고도에서의 촬영사진에 화질 차이 발생 등을 고려해야 한다.

드론(Drone)에서 취득한 데이터로 공간정보(空間情報: Spatial Information)를 생성하기 위한 목적의 드론 촬영은 목표된 지역의 상공을 격자무늬로 비행하여 지표면의 사진을 획득한다. 사진과 사진이 중복되는 부분이 있도록 촬영하고, 중복되는 사진이 많을수록 사진 컷의 수는 늘어 나는데 정확도는 향상된다.

반대로 중복되는 부분이 적거나 없으면 나중에 이미지를 이어 붙이는 스티칭(Stiching)에서 소프트웨어 프로그램(Software Program)이 중첩부분을 인식하지 못해서 데이터(Data)의 품질정확도가 낮아지거나 공간정보의 생성이 불가능하게 된다.

중첩률에는 [그림. 71]과 같이 정면 중첩률(Front Overlap)과 측면 중첩률(Side Overlap)이 있는데, 정면 충첩률(Front Overlap)은 드론의 진행방향 기준에서 먼저 촬영된 사진 윗부분과 이후 촬영된 사진의 아랫부분의 중첩비율(Overlap Rate)을 의미하고, 측면 중첩률은 드론이 한 방향을 비행하면서 촬영된 사진측면과 되돌아오며 촬영된 사진의 측면 중첩비율(Overlap Rate)을 의미한다.

[그림. 71] 정면 중첩률(Front Overlap)과 측면 중첩률(Side Overlap)

이후 취득한 데이터(Data)를 편집 프로그램(Program)을 이용하여 정사처리, 색상보정을 통해서 정사영상을 제작하고, 지도 및 항공사진, 영상 등을 토대로 지형정보인 수치표고모형(DEM)을 제작 후 정상영상과 3차원 가시화모델과 각종 속성정보를 토대로 3차원 공간정보를 제작한다.

한편, [그림. 72]는 환경, 농산림, 방제 등 다양한 분야와 융복합할 수 있는 자료로 활용되는 수치표고모델(Digital Elevation Model)은 지형만을 3차원으로 표현한 것이고, 수치표면모델(Digital Surface Model)은 지형, 건물, 식생 등을 3차원으로 표현한 것이다.

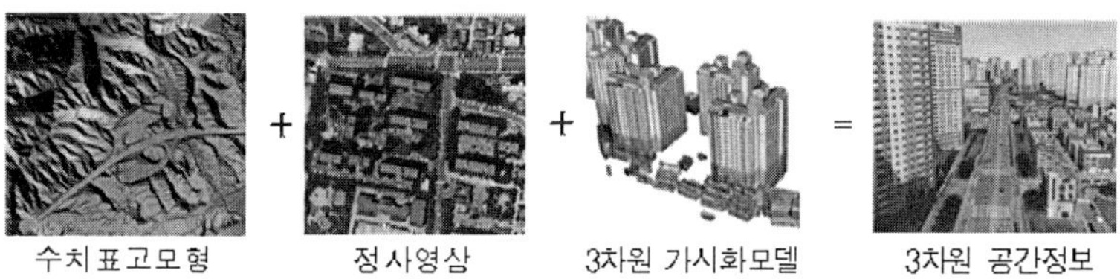

[그림. 72] 3차원 공간정보 구성
출처: 대한민국 국토지리정보원 3차원 공간정보 구축

3차원 공간정보는 [그림. 73]처럼 2차원 데이터를 입체화하여 스마트도시(Smart City), 디지털 트윈(Digital Twin), VR/AR 등 다양한 분야와 융합하여 공간정보 기본데이터로 활용되며, 각종 세무, 보상, 민원, 판독 등에 이용될 수 있다

[그림. 73] 3차원 공간정보 활용
출처: 대한민국 국토지리정보원 3차원 공간정보 구축

[그림. 74]는 대한민국 국토지리정보원에서 구축한 오산시 일대 3차원 공간정보는 오산시와 그 주변 지역의 지형, 건물, 도로 등의 공간적 요소를 세밀하게 포함하고 있는 데이터(Data)이다. 이 정보를 활용하면 도시 계획, 재난 대비, 교통 및 교육 등 다양한 분야에서 유용하게 활용할 수 있다.

그리고 [그림. 75]는 대한민국 국토지리정보원에서 구축한 수원시 일대 3차원 모형은 수원시와 그 인근 지역의 지형, 건물, 도로 등의 공간적 특성을 상세하게 담고 있다. 이 모형은 도시 계획, 건축물 분석, 지형 분석, 재난 관리 및 교통 계획과 같은 다양한 분야에서 활용될 수 있다.

[그림. 74] 대한민국 국토지리정보원에서 구축한 오산시 일대 3차원 공간정보
출처: 대한민국 국토지리정보원 3차원 공간정보 구축

[그림. 75] 대한민국 국토지리정보원에서 구축한 수원시 일대 3차원 모형
출처: 대한민국 국토지리정보원 3차원 건물모형 보도자료(2021.06.28.)

5.2. 디지털 트윈 플랫폼

미국의 항공우주국(NASA: National Aeronautics and Space Administration)이 초기 우주 캡슐의 실물 모형을 디지털시뮬레이션(Digital Simulation) 형태로 대체하면서 시작된 디지털 트윈(Digital Twin)은 자산, 프로세스 및 시스템 등의 물리적 객체들에 대한 디지털복제로서 객체의 속성과 상태를 전주기에 걸쳐서 동적인 성질을 묘사하는 가상의 모델이다.

디지털 트윈(Digital Twin)은 5G의 초고속/대용량(최대 20Gbps 초고속전송), 초저지연(촉각수준 1ms의 동시반응) 특징에 기반하여 전기전자, 항공국방, 에너지, 스마트도시, 교통, 물류, 의료 등의 다양한 분야에 폭넓게 적용되고 있으며 미래 핵심기술 중의 하나로 점차 확장되고 있다.

국내 연구원에서 발간한 이슈리포트(Issue Report)에 의하면, <표. 8>과 같이 맥킨지(McKinsey) 디지털 트윈(Digital Twin) 도입에 따른 2025년 경제적 부가가치가 팩토리(Factory), 도시, 헬스케어(Healthcare), 소매, 물류, 자동차, 홈 순으로 최소 3.9조 달러에서 최대 11.1조 미국 달러를 달성할 것으로 전망하고 있다.

〈표. 8〉 맥킨지 디지털 트윈(McKinsey Digital Twin) 도입에 따른 2025년 부가가치 (단위 : 조 달러)

구분	전체	팩토리	도시	물류	소매	자동차	홈	헬스케어
최소	3.9조	1.2조	0.9조	0.5조	0.4조	0.2조	0.2조	0.1조
최대	11.1조	3.7조	1.6조	0.8조	1.1조	0.7조	0.3조	1.5조

출처: 대한민국 포스코경영연구원(POSRI 이슈리포트)

가. 세종시 스마트시티(Smart City)

[그림. 76] 대한민국 세종시는 ETRI와 가상공간에서 각종 도시정책을 실험 검증하고 미래를 예측하는 스마트시티 사업을 2022년에 스마트시티 디지털 트윈 플랫폼(Smart City Digital Twin Platform)을 완성하고 2030년까지 세종시의 사회현상에 대한 도시문제를 해결해나갈 계획으로 추진하고 있다.

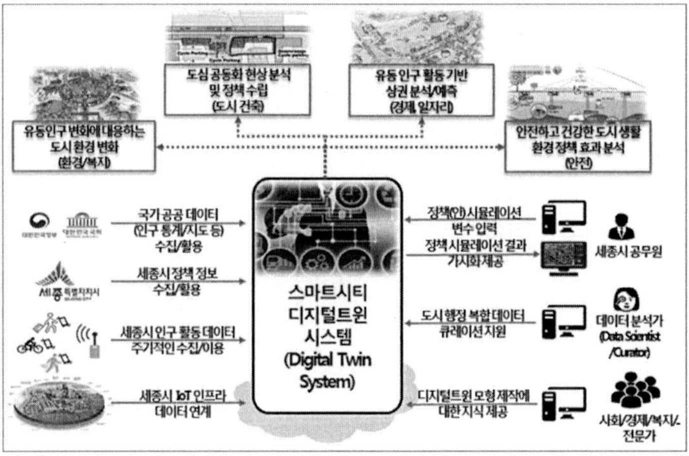

[그림. 76] 세종시-ETRI, 스마트시티 '디지털 트윈 개요도

출처: 세종매일 (2018.04.20.) https://www.ygnews.net/news/articleView.html?idxno=40845

이처럼 대한민국 세종시는 실내외 지하 시설물 등 공간자료를 활용하여 [그림. 77]과 같이 데이터 연속성 유지 및 표준 정립을 통하여 도시공간에서의 디지털 트윈(Digital Twin) 통합운영체계 확립하고, 도시의 계획(Urban Planning), 설계(Design), 시공(Construction) 그리고 운영 단계(Operational Phases)에 이르기까지 공간정보의 정밀 시각화를 통하여 인프라 계획을 결정하고, 공정관리 설계 오류를 검증하여 건설 품질과 일정관리를 통하여 생산성 향상을 제고하고 있다.

[그림. 77] 세종시 스마트시티의 최신 트렌드와 미래

출처: 이에이트 2022. 코리아 디지털 트윈(Digital Twin) & 매타버스 그래드서밋 2022(20221.05.27.)

나. 전주시 디지털 트윈(Digital Twin) 시범사업

대한민국 전주시 디지털 트윈(Digital Twin) 시범사업[그림. 78]은 한국국토정보공사(LX)가 2018년 도시사회 문제해결을 위하여 데이터와 공간분석 모형을 결합한 디지털 허브와 공간정보 기반으로 현실세계와 일치하도록 구축된 디지털 트인(Digital Twin)을 결합하여 지역 현안과제를 해결하기 위한 플랫폼을 구축하는 사업이다.

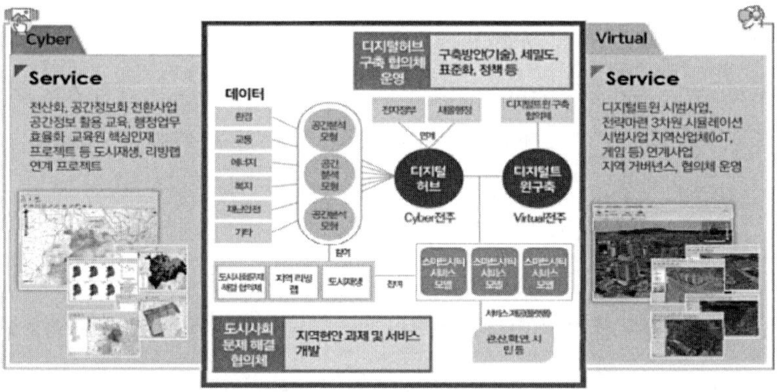

[그림. 78] 전주시 디지털 트윈(Digital Twin) 시범사업
출처: LX공사 스마트시티 디지털 트윈(Smartcity Digital Twin) 사업 소개 (한국국토정보공사, 2019.12)

전주시 디지털 트윈(Digital Twin) 시범사업은 현실 세계와 디지털 환경을 연결하여 도시의 다양한 측면을 실시간으로 모니터링하고 분석하는 것을 목표로 한다. 이를 통해 도시 인프라의 효율성을 향상시키고 시민들의 삶의 질을 향상시키는 것을 목표로 한다. 이 프로젝트는 전주시의 도시 계획, 교통 체계, 환경 보호, 재난 관리 등 다양한 분야에서 활용될 것으로 기대되며, 향후 다른 도시나 지역으로 확대되어 전국적으로 활용될 수 있는 기반이 될 것으로 기대된다.

한편, 한편, [그림. 79]는 디지털 트윈(Digital Twin) 기반으로 구축된 전주시청의 모습은 현실 세계에서의 전주시청과 거의 동일하게 반영된다. 이 디지털 트윈(Digital Twin) 기반 전주시청의 건물 외형과 내부 구조를 정확하게 모델링하여 제공하며, 건물 주변의 환경

요소도 상세하게 반영된다. 디지털 트윈(Digital Twin) 기반으로 전주시청은 실제 건물의 움직임이나 변화를 실시간으로 추적하고 관련 데이터를 분석하여 전주시청의 운영 및 관리에 도움을 줄 수 있다.

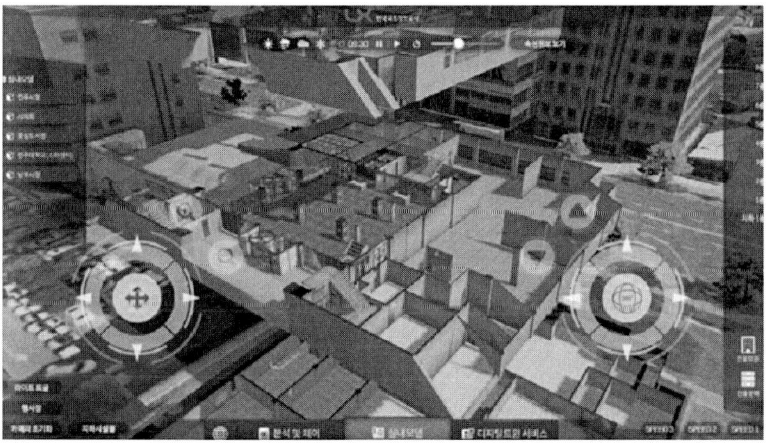

[그림. 79] 디지털 트윈(Digital Twin) 기반 전주시청 모습
출처: 스마트투데이 (smarttoday.co.kr, 2022.03.11.)

[그림. 80]은 디지털 트윈(Digital Twin)을 기반으로 한 전북도청 앞 지하시설물로 현실에서의 지하시설물과 거의 동일하다. 따라서 지하시설물의 구조, 지하시설물 재료, 지하시설물의 배치 등을 정밀하게 반영하여 사용자에게 현실적인 경험을 제공한다. 지하시설물의 운영 상태를 실시간으로 모니터링하고, 유지보수를 위한 데이터를 수집하여 안정적인 운영을 돕는데 중요한 역할을 한다. 이를 통해 전북도청 앞 지하시설물은 효율적이고 안전한 운영이 가능하며, 관리자들은 보다 신속하고 정확한 의사결정을 내릴 수 있을 것이다.

[그림. 80] 디지털 트윈(Digital Twin) 전북도청 앞 지하시설물
출처: 스마트투데이 (smarttoday.co.kr, 2022.03.11.)

다. 싱가포르 버츄얼 싱가포르

싱가포르 정부는 2014년부터 국가 정책으로 스마트 네이션(Smart Nation) 프로젝트를 추진 중이며, 공공부문의 핵심 사업으로 버추얼 싱가포르(Virtual Singapaore)로 명명된 도시 국가 디지털 트윈(Digital Twin)을 구축하고 있다.

버추얼 싱가포르는 [그림. 81]과 같이 가상화(Virtual), 시각화(Visual), 벤처화(Venture)를 목표로 싱가포르의 모든 건물을 3차원으로 모델링하는 것으로, 구축 목적은 가상도시 환경에서 도시계획 및 정책 추진을 위한 의사결정지원과 데이터의 공개·공유를 통해 더 나은 도시 서비스를 개발하여 시민 삶의 질 향상을 도모하는 것이다.

[그림. 81] 버추얼 싱가포르

출처: How we design and build a smart city and nation, TEDx Talks, KBS뉴스 (2019.05.10.)

라. 중국 선전시 디지털 트윈(Digital Twin)

중국의 선전시는 [그림. 82]과 같이 자연재해, 인구 이동, 실내 이동 등 다양한 분야에서 디지털 트윈(Digital Twin) 기술을 활용하고 있다. 도시의 3차원 구축 뿐 아니라, 로봇을 이용한 전기 시설의 실시간 관리에 기반한 도시 전력 관리(스마트 그리드), UAV를 이용한 자연재해(태풍, 홍수, 안개, 냉해 등) 관리, 교통 관리, 인구이동 패턴 등 다양한 분야에서 디지털 트윈(Digital Twin) 기술을 적용 중이다.

[그림. 82] 중국의 선전시 디지털트윈

출처: Smart City based on Digital Twins (Academician Deren Li Wuhan University, 2022 ICGIS Digital Twin Driven Smart City, 2022.11.03.)

5.3. 시설물 안전점검

드론을 이용하여 시설물의 안전진단 및 점검을 위한 국가와 지자체, 유관기관에서 많은 연구개발과 투자가 이뤄지고 있다.

대한민국 환경부는 '스마트 댐 안전관리 구축(2021년-2025년) 을 진행 중에 있으며, <표. 9>와 같이 한국시설관리공단은 터널과 공동주택 안전점검, 한국철도공사, 한국도로공사 등에서 시설물 안전점검에 드론을 활용하고 있다.

〈표. 9〉 대한민국 정부 및 공공기관의 드론 시설물 안전점검 운용현황

구분	주요 내용
환경부	댐의 실시간 지능형 감시(스마트 모니터링), 무인기(드론) 기반 안전점검, 디지털 트윈(Digital Twin) 기반 플랫폼 구축
한국시설안전공단	터널, 공동주택 등 정밀점검
한국철도공사	철도시설물 점검 및 시설물(낙석, 교량, 방음벽, 옹벽), 전기(송전선로, 철탑) 안전 점검
한국도로공사	고속도로 건설현장 공사관리, 구조물 유지관리 및 안전점검, BIM 설계

출처: 드론 활용을 위한 시설물 안전점검 등에서의 시범연구(대한민국 국토안전관리원, 2022.01)

드론(Drone)은 GPS좌표를 토대로 이동을 하기에 도심지역에서 GPS신호가 끊어지거나 약한 사각공간(예를 들어, 교량 하부 터널 등)에서는 다양한 통신네트워크(Communication Network)와 보조적인 기능을 하는 각종 센서를 이용하게 된다.

현재 대한민국의 시설물관리는 시설물안전법상 국가 주요 시설물은 규모와 중요도에 따라서 1종 및 2종 시설물로 구분되고, 안전

등급에 따라서 정기점검, 정밀점검, 긴급점검으로 구분하여 안전점검 결과에 따라 필요할 경우 정밀안전진단을 실시하도록 하고 있다. 한편, 정기점검은 기본으로 진행되는 과정으로, 경험과 기술을 갖춘 전문가의 육안관찰을 통해서 외관을 조사하는 수준에 있어서 점검 결과에 대한 신뢰도측면, 또한 전국적으로 급격히 증가하는 낙후 시설물의 점검 및 진단수요를 충족하기에는 한계가 있는 것이 사실이다. 이러한 한계를 극복하기 위한 방안으로 디지털 트윈(Digital Twin)기술을 시설물 관리에 활용하고 있으며, 이로 인해 재난이나 사고를 조기에 예측하여 대응이 가능하다.

한편, 미국의 항공우주국(NASA)이 처음 개념에 착안한 디지털 트윈(Digital Twin) 기술은 현실세계에 존재하는 물리적 대상의 형상, 성질, 상태 등의 정보를 디지털상에 동일하게 구현하는 것이다. 이후 디지털 트윈(Digital Twin)의 활용은 IoT(사물인터넷) 센서의 급격한 증가로 촉발되어 시장조사 전문기관인 가트너(Gartner)는 2017년 주요 10대 전략기술로 디지털트윈(Digital Twin)을 선정한 바 있다.

이처럼 시설물의 안전점검 및 진단 플랫폼으로 디지털 트윈(Digital Twin)을 이용하게 되면, 첫째 외부 환경요인에 관계없이 실시간으로 종합적인 의사결정하고, 둘째 통신 네트워크(Communication Network), CCTV, IoT센서 등의 통합적인 운용할 수 있게 되어 지능적으로 재난이나 사고에 대응할 수 있게 되는 이점이 있다.

가. 대한민국 환경부 스마트 댐 안전관리

대한민국 환경부는 2021년-2025년 디지털 뉴딜 주요사업인 스마트 댐 안전관리로 최신 정보통신기술을 도입하여 댐 안전관리 체계를 디지털화하고, 효율적인 재난예방 및 대응시스템을 마련하고 있다.

스마트 댐 안전관리는 [그림. 83]과 같이 실시간 지능형 감시(스마트 모니터링), 무인기(드론) 기반 안전점검, 디지털 트윈(Digital Twin) 기반 플랫폼 구축으로 전국에 37개 댐에서 지진, 홍수 등 자연재해로부터 선제적 대응능력을 갖출 수 있도록 추진되고 있다.

실시간 지능형검사는 GPS, 실시간 계측기 등을 활용하여 댐의 고동계측을 실시간 파악하고, 기존의 육안진단에서 공중 · 수중드론을 이용하여 3차원 공간분석을 토대로 댐의 손상여부를 정밀하게 진단하고, 인공지능(AI), 빅데이터 디지털 트윈(Digital Twin) 안전관리를 구축하고 있다.

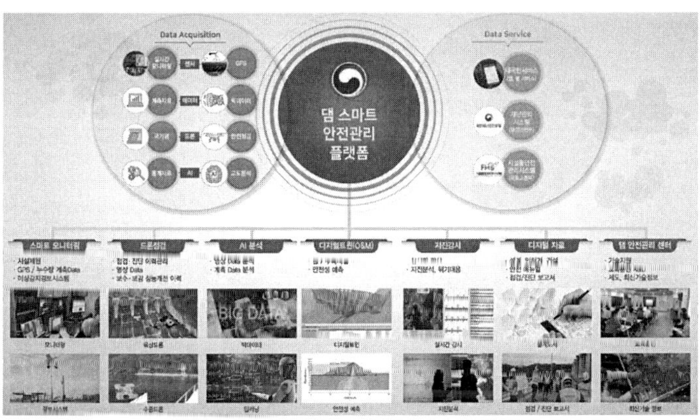

[그림. 83] 대한민국 환경부 스마트 댐 안전관리
출처: 대한민국 환경부 보도자료(2021.11.25.)

<표. 10>과 같이 스마트 댐 안전관리 구축을 통해서 드론 3D 디지털 매핑 점검(Drone 3D Digital Mapping Inspection)으로 안전점검의 시간과 노동력을 절약하고 정확도를 제고하고, 인공지능(AI)와 3D 디지털 트윈 플랫폼(3D Digital Twin Platform)으로 댐의 균열검출과 분석을 지능화하고 시각화/직관화/가치화로 효율적인 정보공유와 재난대응체계를 고도화가 예상된다.

〈표. 10〉 스마트 댐 안전관리 구축 전후 비교

분야	As-Is	4차산업기술	To-Be
지상 안전점검	인력 점검 접근 제약, 고소작업 안전 우려	드론	드론 3D 디지털 매핑 점검 시간 · 노동력 · 정확도 혁신
수중 안전점검	전문 잠수부 및 선박 소나 조사, 주관적, 사고위험, 경비 상승	수중드론	수중 ROV시설물 점검 객관적, 안전확보, 경비절감
실시간 모니터링	광파기 등을 이용한 주기적인 측량 및 관측	스마트 센싱	GPS(GNSS), 전기비저항, 지하수위계 등 실시간 모니터링
데이터 자동분석	인력 위주 외업 및 내업 시간 · 노동력 과다, 정확도 저하 계측 data 분석 전문가 필요	인공지능 (AI)과 딥러닝	AI 콘크리트 균열 검출 시간 · 노동력 · 정확도 혁신 AI 계측 분석 지능화
안전관리 플랫폼	2D 시설관리 정보 시스템 시각화 · 직관화 · 가치화 개선 여지	빅데이터 플랫폼 Digital Twin	3D 디지털 트윈 플랫폼 정보의 각화 · 직관화 · 가치화로 효율적인 정보공유 및 재난대응

출처: 스마트 댐 안전관리 (환경부 보도자료, 2021.11.25.)

나. 대한민국 한국시설안전공단 공동주택 및 터널 안전점검

대한민국 한국시설안전공단은 [그림. 84]과 같이 시험장비 및 점검방법을 표준화하여 정부의 시설안전관리를 하는데 기준과 운영을 담당하고 있으며, 2020년 9월 경상남도 창원시에서 소규모 무상 안전점검에 드론에 장착된 RGB카메라를 이용하여 외벽점검에 이용하였는데, RGB카메라에서 획득한 데이터를 2D/3D 매핑 후 균열 등의 문제점을 인공지능(AI)를 이용하여 파악하고, 조종기와 드론 사이에 건물이 있는 경우에 통신제한 및 단절상황을 극복하고 건물에 충돌을 회피는 충돌방지 기술을 활용하였다.

드론(Dronc)으로 안전점검한 결과를 인공지능(AI)으로 분석하면 건물의 경과연수별로 발생한 특정 손상 유형 등에 대한 데이터를 취득할 수 있고, 이러한 누적 데이터(Accumulated Data)를 토대로 시설물의 안전점검을 제고할 수 있다.

[그림. 84] 대한민국 한국시설안전공단 공동주택 안전점검

출처: 건축사뉴스 www.a-news.kr, 2020.09.11.

한편, 도로 터널의 안전점검 주기는 시설물의 종류 및 상태 등급에 따라서 1년에서 3년 주기로 진행되며, 안전점검 시 인력에 의존하여 수행되어 균열 등 결함이 누락되거나 균열폭 및 길이를 정밀하게 측정하는데 한계가 있다.

한편, 대한민국의 e-나라지표(www.index.go.kr)에 따르면, [그림. 85]와 같이 2022년 12월말 기준 국내 터널의 수는 3,720개로, 이는 2013년의 1,659개에서 지속적으로 증가했다. 또한, 터널의 총 길이는 2,498km로 늘어났으며, 이는 2013년의 1,208km에서 크게 증가한 것으로 나타났다. 이러한 증가는 환경 친화적인 도로건설과 도로 이용자의 안전을 고려한 선형개량 등에 기인한 것으로 보인다.

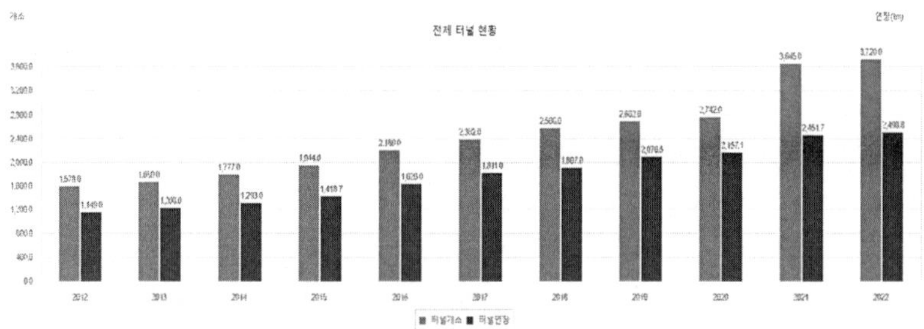

[그림. 85] 대한민국 전체 터널현황
출처: e-나라지표, 2024.02.04.

대한민국 한국시설안전공단 공단은 2020년 10월에 전라북도 소재의 A터털에서 드론을 활용한 안전점검을 추진하였다.

[그림. 86] 드론은 지리정보시스템(GPS)을 기반으로 운용되어 실내나 전파신호가 불량한 지하 및 터널에서는 드론의 사용이 제한되는 것이 일반적인데, 이를 극복하기 위해서 LiDar(라이다) 및 거리

측정센서를 이용하여 드론의 자세제어와 충돌을 방지하고, 전파공간이 약해지는 지점에는 릴레이형태로 조종기를 배치하고, 어두운 터널 실내를 드론에 LED조명을 장착하여 터널 내에서 원활한 작업을 지원하였다.

[그림. 86] 대한민국 한국시설안전공단의 터널 안전점검 모습
출처: 안전저널 www.anjunj.com, 2020.10.16.

다. 대한민국 한국철도공사의 드론기반 통합안전시스템

대한민국 한국철도공사는 열차가 고속 주행하는 선루 인접 시설물은 형태가 복잡하고 강한바람과 고압전류가 흘러 일반적인 드론(Drone)의 비행이 쉽지 않은 어려움으로 인하여 높은 철도교량이나 송전철탑 등 접근이 어려운 철도시설물을 보다 안전하고 고도화된 방식으로 점검하기 위하여 2019년부터 철도현장 맞춤형 드론 시스템 개발을 진행하여 왔다.

[그림. 87]은 자율 비행이 가능한 드론이 철도교량을 점검하는데 사용되는 것을 보여준다. 이 드론은 사전에 정의된 비행 경로를 따르거나 교량 구조물 주변을 자율적으로 비행할 수 있는 기능을 갖추고 있다. 고해상도 카메라와 센서를 장착하여 다양한 각도와 거리에서 교량 구조물의 상세한 이미지와 데이터를 촬영한다. 이러한 이미지는 특수 소프트웨어를 통해 분석되며, 교량 구성 요소의 이상, 균열, 부식 또는 구조적 약점을 감지할 수 있다. 드론의 자율적인 기능은 교량의 어려운 접근 지점을 효율적으로 안전하게 점검할 수 있도록 돕는다. 이는 유지 보수를 위한 중요한 정보를 제공하며 철도 인프라의 안전과 무결성을 보장한다.

대한민국 한국철도공사 [그림. 88] 는 2022년 5월에 드론기반 통합안전관리 시스템을 개발하였으며, 드론(Drone)이 철도시설물 주위를 자율비행하며 촬영한 영상을 3차원으로 분석해 이상 유무를 판별하고 통계화해 관리하도록 하고 전과정 자동화로 점검·보수 이력이 과학적으로 관리가 가능하다.

이를 위해서 최적 경로로 비행하며 고해상도 사진을 자동으로 촬영하는 드론을 개발하였는데, 6개 날개로 고속열차의 바람을 견딜 수 있고 예비 경로를 확보하는 복합항법으로 고압전류와 전자기의 방해에도 정상 작동하도록 하였다.

더불어, 드론(Drone)을 통제하는 이동식 관제차량은 실시간으로 영상을 분석하여 구조물의 외형을 재구성하고, 균열, 부식, 벗겨짐 등의 손상을 자동으로 인식하는 인공지능(AI) 기능을 갖추고 있다.

[그림. 87] 자율비행으로 철도교량을 점검하는 드론
출처: 대한민국 한국철도공사 보도자료 (2022.05.04.)

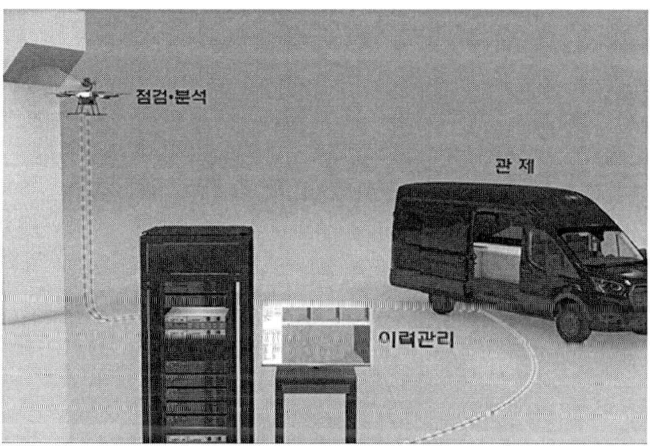

[그림. 88] 드론을 활용한 통합 안전관리시스템
출처. 한국철도공사 보도지료(2022.05.04.)

라. 대한민국 한국도로공사 디지털 시범지사

대한민국 한국도로공사는 도로 유지관리의 데이터화 및 자동화 실현을 위하여 고속도로 디지털 첨단기술을 적용하는 시험환경인 '디지털 시범 지사'를 2024년에 표준모델을 완성하고, 2027년에 전국 모든 지사에 적용할 계획이다.

이는 지리정보시스템(GPS) 기반의 차선, 표지정보, 주행경로를 이동식 측량 차량을 통해 오차범위 +- 25cm의 상세한 3차원으로 표현한 정밀도로지도를 적용하여 고속도로 시설물 위치에 대한 오차를 최소화하고 도로의 노면별로 파손주기를 데이터화해 관리하게 된다.

이를 위해서 사물인터넷 센서(Internet of Things sensor)를 통해 교량 협착과 비탈면 붕괴를 자동으로 감지하며, 드론을 활용하여 미세균열을 식별하고 교량 하부 등 GPS 음영지역에서도 시설물 안전점검을 하고, 인공지능(AI) 포장파손 자동탐지 차량 등을 이용하여 유지관리 점검을 자동화를 추진 중이다.

한편, 대한민국 한국도로공사는 교량 점검을 위해 [그림. 89]와 같은 드론을 활용한다. 특히 교각 및 비탈면은 드론을 통해 안전하게 점검된다. 드론을 사용하면 더욱 세밀한 조사가 가능하므로 탐지율이 향상되고 작업 시간이 단축된다. 이를 통해 교량의 상태를 정확하게 평가할 수 있고, 빠르고 효율적인 점검이 가능하다.

[그림. 89] 대한민국 한국도로공사 교량전검 드론
출처: 전자신문 (www.etnews.com, 2022.09.21.)

대한민국 한국도로공사의 드론 점검팀은 교량 및 도로 시설을 정밀하게 안전 점검하는데 전문화된 드론점검팀이다. 이 팀은 [그림. 90]과 같이 최신 드론 기술을 활용하여 고해상도 카메라와 센서를 장착한 드론을 사용하여 안전 점검을 수행한다. 드론은 교량 구조물의 다양한 부분에 접근하여 면밀한 조사를 수행할 수 있다. 특히 교각과 비탈면 같이 인력이 접근하기 어려운 부분을 드론이 대신하여 안전하게 점검한다. 드론은 고해상도 영상과 데이터를 수집하여 교량 구조물의 상태를 실시간으로 확인하고, 이를 분석하여 구조적 결함이나 안전 문제를 식별한다. 이러한 정밀안전점검을 통해 교량 및 도로 시설의 상태를 정확하게 파악할 수 있으며, 조기에 문제를 발견하여 예방 조치를 취할 수 있다. 그리고 드론을 활용함으로써 작업 시간을 단축하고 작업자의 안전을 보장할 수 있다. 이를 통해 한국도로공사는 교량 및 도로 시설의 안전성을 높이고 시민들에게 안전한 도로 환경을 제공하는 데 기여하고 있다.

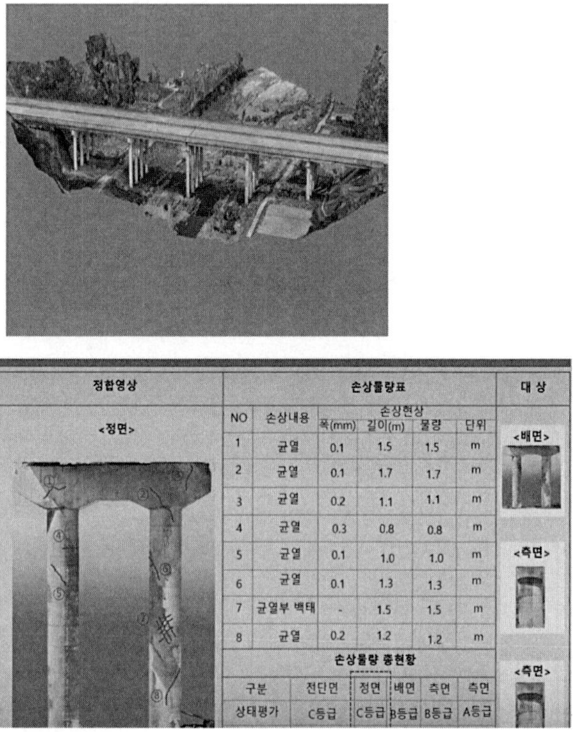

[그림. 90] 대한민국 한국도로공사 드론점검팀의 정밀안전점검

출처: 한국도로공사 고속도로TV (https://www.youtube.com/watch?v=oCfbnRTYaWI)

읽을거리

사우디아라비아 네옴시티 프로젝트에서 드론

사우디아라비아(KSA: Kingdom of Saudi Arabia)의 네옴시티 프로젝트(Neom City Project)는 현재 진행 중인 미래 스마트 시티 건설 프로젝트로, 면적이 대한민국의 서울의 44배에 달하는 규모를 가지고 있다. 이 프로젝트에 대한 공식 발표에 따르면 총 투자 비용은 5000억 달러로, 2024년 2월 현재의 환율을 적용하면 약 655조 원에 해당한다. 그러나 미국 블룸버그(Bloomberg) 방송에서는 2030년까지의 투자 금액이 1조 달러에서 2조 달러에 이를 것으로 예측하며, 이를 통해 스마트 시티를 완성하고자 한다. 특히 NEOM 공식 유튜브 채널에의 What is THE LINE?에서는 [그림. 91]과 같이 드론을 이용한 보안 등의 시나리오가 소개되고 있다. 이러한 시나리오는 네옴시티 프로젝트의 스마트 시티 구축에 있어서 드론 기술이 보안 시스템에 적용될 것임을 시사한다.

[그림. 91] 사우디아라비아 네옴 프로젝트에서의 드론과 자율주행 시스템

출처: NEOM 공식 유튜브, https://www.youtube.com/watch?v=0kz6vEqda8c

연습문제

1. 드론 촬영방법과 활용방법에 대하여 설명하시오.

2. 드론 촬영을 위한 드론 구성 장치에 대하여 설명하시오.

3. 대한민국 항공안전법 시행규칙에 대하여 본인의 생각을 작성하시오.

4. 드론 조작의 방법에 대하여 설명하시오.

5. 드론의 데이터 기반 공간정보 생성방법에 대하여 설명하시오.

06-응용내용

드론의 응용

6.1. 드론 착륙장과 관련된 아이디어 소개

무인 항공기 시스템(UAS), 무인 항공기(UAV), 및 원격 조종 항공기(RPA)는 군사 분야에서 다양한 전술 작전을 지원하는데 그 잠재력으로 인해 널리 사용되고 있다. 이 비행 시스템의 특성은 강건하고 적응력이 있으며 자원 효율성, 확장 가능성, 협력성, 이질성, 그리고 자기 구성 가능해야 한다. 이러한 특성들은 개별 UAV의 물리적 제어가 항법 및 통신 능력과 같은 다른 요소들과 통합되는 한 유효하다.

지난 30년 동안 군사적인 측면이 아닌 여러 UAV 개발 프로젝트가 진행되었다(예를 들어: UAV-NET, COMETS, MDRONES, cDrones, OPARUS, AUGNet, RAVEN testbed, εFly, MSUAV등).

이러한 프로젝트의 범주는 다음과 같다.

(1) 크기, 페이로드, 비행 시간에 따른 차량의 분류

(예를 들어: 헬리콥터, 블림프, 또는 고정익 UAV). 이러한 요소들은 실제로 네트워크 수명, 이동 거리 및 통신 범위와 같은 요소들에 영향을 미친다.

(2) 설계 또는 알고리즘에 따른 분류.

(3) 사용된 응용 프로그램 유형에 따른 분류.

각 응용 프로그램의 복잡성 수준은 목표/요구 사항 및 사용 환경에 따라 달라질 수 있다. 컴퓨터 공학을 기반으로 한 드론 운용 알고리즘의 개발은 센서 기반 항법 및 이미지 처리 능력을 향상시켰다. 이러한 개발은 센서에서 수집된 대량의 정보를 처리함으로써 처리 능력을 크게 향상시켰다. 프로세스는 빠르게 진행되어야 하며 결과는 정확해야 한다. 또한 알고리즘은 주어진 목표를 자체 메모리에 입력된 목표와 일치시키기 위해 자율적이고 지능적이어야 한다 [91-92].

2017년부터 미국과 중국의 경우 드론 강국이였다. 당시 민간에 판매되고 드론들은 피뢰침이 없는 것을 허준호 교수가 발견하였고 뇌우로 인한 드론의 추락을 언론에서 접하고 드론이 착륙하는데 안전한 시스템이 있으면 좋겠다고 생각되어 [그림. 92]과 같이 본 프로젝트를 시작하였다.

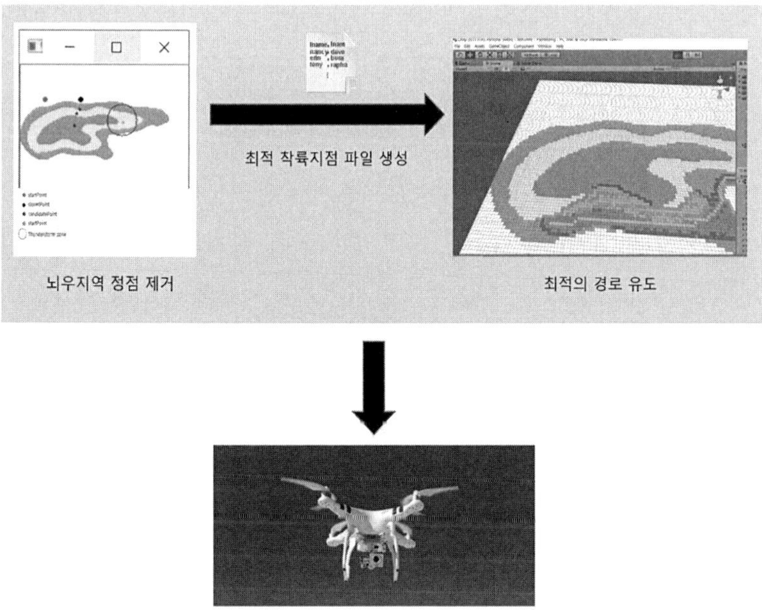

[그림. 92] 드론 비행의 뇌우지역 회피시스템 조감도

임의의 산악지형에서 여러 개의 도착 지점이 존재할 때, 뇌우가 친 지점으로부터 가까이에 위치한 도착 지점과 드론의 커뮤니케이션에 왜곡 현상이 발생할 수 있다. 또한, 초경량 비행체에 속하는 드론은 뇌우 반경에서 더욱 강해지는 바람에 의해 정확한 비행이 어렵다. 다음 소개할 내용은 뇌우 반경에 포함되는 도착 지점을 지우고 드론 위치에서 가장 가까이에 있는 도착 지점을 파악하기 위한 알고리즘이다. 뇌우 발생 후 가장 먼저 드론에 갱신되는 정보는 여러 개의 도착 지점 중 뇌우 인근에 위치한 도착 지점을 제외시키는 일이다.

한편, [그림. 93]에서의 알고리즘(Algorithm)은 뇌우 발생지점을 중심으로 인접한 도착 지점을 제거하기 위한 알고리즘이다. 뇌우가 발생한 지점을 중심으로 반지름이 5km(임의적 수치)인 가상의 원을 그리고 그 원의 범위 내에 존재 할 수 있는 드론의 착륙지점을 모두 제거하는 알고리즘이다.

도착 지점의 좌표노드는 큐(Queue)에서 관리하며 모든 착륙 지점의 위치를 알고 있다고 가정, 뇌우 지역의 중심지와 착륙 지점 간의 거리를 계산하여 그 거리를 추정할 수 있다. 지도를 좌표평면상으로 볼 때, 각 지점의 좌표를 알면 그 거리를 구할 수 있다. 한편, [그림. 94]는 최적의 착륙지점 선택 알고리즘을 보여준다.

```
ThunderstormPoint : ( 100, 50 )
There are several landPoints in the queue

while (!queue.empty()) {
        Node next{ queue.top() };
        distance[i] = sqrt(pow((next.get_x() - 100), 2) +
pow((next.get_y() - 50), 2));
        // Distance from start point to arrival point
        if (distance[i] < 5) { // When the thunderstorm zone
involves the arrival point
                Draw a circle for thunderstorm zones
                Exclude from ArrivalPoint(queue)
        }
        queue.pop(); //Delete a Top from the Queue

        i++;

}
```

[그림. 93] 뇌우지점에 인접한 지점 제거 알고리즘

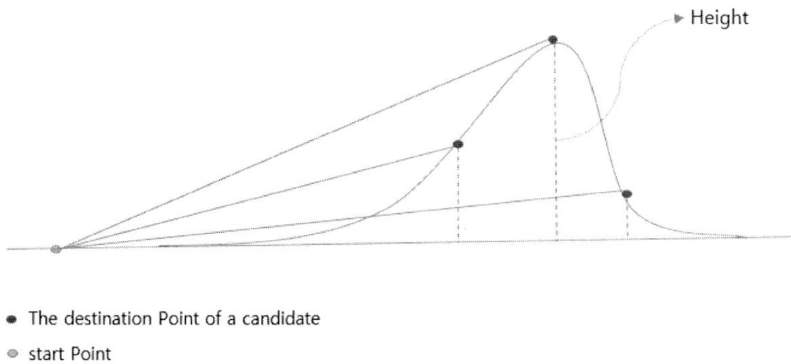

[그림. 94] 최적의 착륙지점 선택 알고리즘

Algorithm 2는 뇌우 반경에 포함되지 않는 안전한 도착 지점 중 현재 드론의 위치와 가장 근접한 도착 지점을 찾는 알고리즘이다. 뇌우 반경에 미포함된 도착 지점은 후보 지점에 오르게 된다. 후보 지점 중 현재 드론의 위치에서 가장 가까운 도착 지점을 찾는 방법으로 피타고라스 정리로 빗변의 길이를 통해 찾을 수 있다. [그림. 94]에서 각 지점은 시작 지점과 삼각형을 그리게 되고 그 빗변의 길이는 도착 지점의 직선 거리(밑변)와 높이를 고려한 길이므로 수직 이동과 수평 이동이 가능한 드론과 지점 사이의 거리를 알 수 있다. 하지만, 보통의 경우 [그림. 95]과 같이 산을 옆에서 바라보는 단면도는 구하기 쉽지 않지만 산의 등고선을 통해 도착 지점의 높이를 파악할 수 있다. 피타고라스 정리를 이용해 높이와 시작 지점 간의 거리(밑변)를 알 수 있다면 빗변의 길이를 구하는 것은 어렵지 않다.

```
while (queue.empty()) {
        Node next{ queue.top() };
        float dis;          // Distance between start and arrival
coordinate
        if (When the arrival point is outside the range of a
thunderstorm) {
                if (Height of arrival point 3) {
                        dis = sqrt(pow(sqrt(pow((next.get_x()
- 30), 2) +
                                pow((next.get_y() - 30),
                        2)), 2) + pow(90, 2));
                }
                else if (Height of arrival point 2) {
                        dis = sqrt(pow(sqrt(pow((next.get_x()
- 30), 2) +
                         pow((next.get_y() - 30), 2)), 2) +
                pow(60, 2));
                }
                else if (Height of arrival point 1) {
                        dis = sqrt(pow(sqrt(pow((next.get_x()
- 30), 2) +
                                pow((next.get_y() - 30),
                        2)), 2) + pow(30, 2));
                }
                else { // Height at the arrival point 0
                        dis = sqrt(pow((next.get_x() - 30),
2) +
                                pow((next.get_y() - 30),
                        2));
                }
                if (min > dis) { // Obtain the closest arrival
point
                        min = dis;
                        pt2 = Point(a, b); // Save Arrival
Point
                }
        }
        else { // When the arrival point is inside the range of
a thunderstorm
                Exclude from distance calculation
        }
        i--;
        queue.pop();
}
circle(dst3, pt2, 1, Scalar(0, 0, 0), 2); // Mark the nearest
arrival point
```

[그림. 95] 산 단면도로부터 최단거리 유도 방안

여기서 중요한 점은 높이의 가중치이다. 높이는 직선상의 가중치에 비해 3배이상 두어야 한다. 그 이유는 대부분의 드론은 수평 속도가 수직속도에 비해 3배가량 빠른 속도를 보인다.

이처럼 드론이 도착 지점으로 이동하기 위해서 고도에 맞춰 계단식으로 이동하거나 대각선으로 이동한다고 하여도 고도를 높이기 위해선 수평이동에 비해 수직이동은 3배가량의 시간이 더 필요하다. 축척 1: 25,000의 지도에서 각 등고선은 10m의 고도차를 나타내므로 등고선의 높이에 따라 30(10(Height) X 3(Magnification)), 60, 90 등의 길이를 가진다고 볼 수 있다. [그림. 96]는 등고선 상에 표현되는 각 지점 포인트를 보여준다.

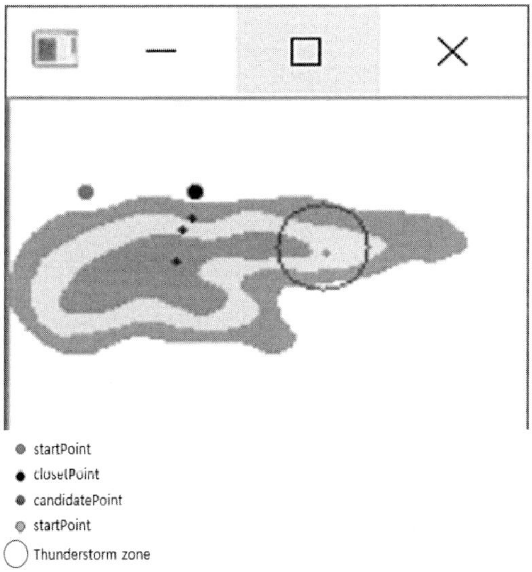

[그림. 96] 등고선 상에 표현되는 각 지점 포인트

[그림. 97]는 1개의 시작 지점, 5개의 도착 지점으로 초기화면을 구상하고 그 후 빨간 원은 뇌우 지역이라고 가정하였을 때 알고리즘 1을 통해 도착지점 간의 거리를 구하고 범위 내에 존재하는 지점은 초록색으로 다시 표시한다. 뇌우 범위에 속하지 않는 도착 지점들이 후보가 되고 Algorithm 2에서 최근접 거리에 놓인 지점의 위치는 검은색으로 표시한다.

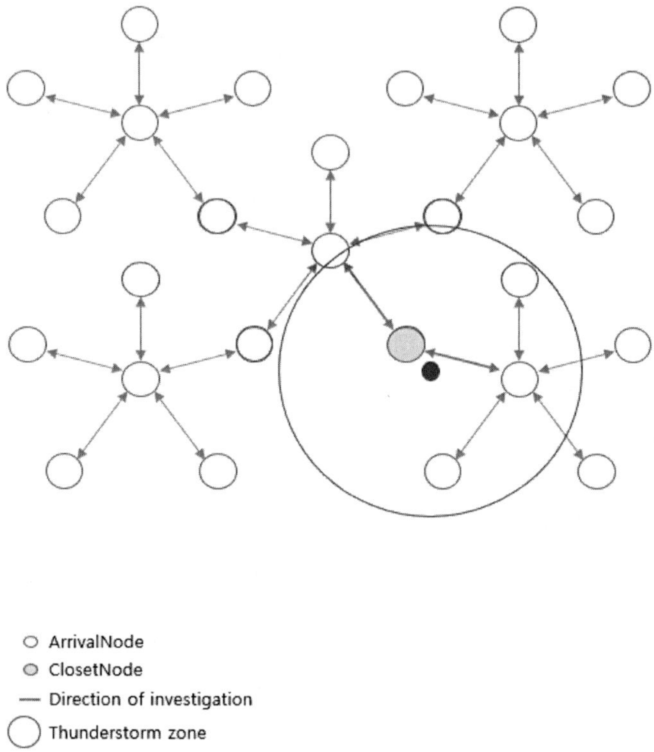

[그림. 97] 규칙적인 간격으로 설치된 지점들의 노드구조

소개된 Algorithm 1의 시간복잡도는 n이므로 효율적인 알고리즘이라고 보기는 어렵다. 더 나은 알고리즘이 존재할 수 있지만 아직 드론의 자율주행 시스템이 상용화되지 않아 어떠한 전략으로 도착 지점을 설치하게 될지에 대해서 쉽게 가정할 수 없다. 그래서 인근에 위치한 모든 도착 지점을 조사할 필요가 있고 더 효율적인 관리와 시간복잡도를 위해서는 구역별로 도착 지점을 그룹화하여 관리한다면 n의 수를 줄일 수 있다.

그러나 전략적인 도착 지점 설치를 위해 불규칙한(랜덤) 지점 설치가 아닌 서로 인접하지 않고 일정한 간격을 두고 설치하게 된다면 더 나은 알고리즘을 구현할 수 있다. 이러한 경우, 각 도착 지점을 노드화하고 인접한 노드끼리 이어준다면 뇌우 지역에서 가장 가까운 노드를 찾고 그 노드의 인접노드만 조사해 더욱 뛰어난 알고리즘을 구현할 수 있다. 가장 가까운 노드를 찾을 때 노드의 순서가 좌표값에 따라 정렬되어 있다면 뇌우지점과 가장 인접한 노드를 효율적으로 찾을 수 있다.

이미 많은 드론제품에 제공되고 있는 웨이포인트를 따라 드론이 순서대로 이동하는 기능이 있다. 이 기능은 구글어스에서 지형도 데이터를 따라 고도를 설정하지만 그 고도는 최고 높이에 고정적이라 최적화된 고도를 제공하진 않는다. [그림 98]에서는 웨이포인트를 따라 이동하던 중 갑작스러운 자연재해(뇌우, 강한 바람 등)로 인해 이미 정해진 웨이포인트의 순서에 수정이 필요한 경우가 발생할 수 있다.

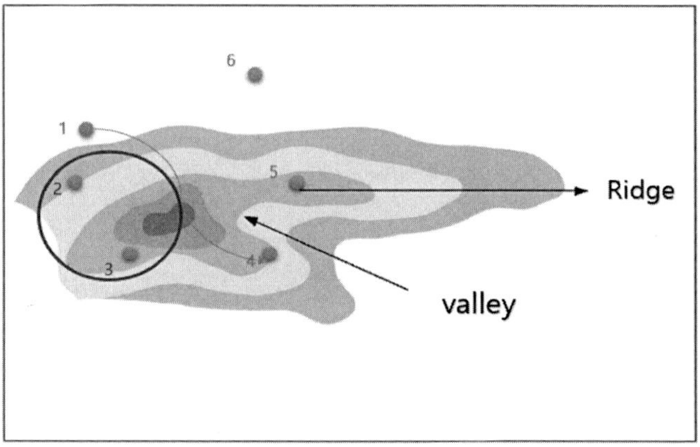

[그림. 98] Opencv에서 표현된 웨이포인트에 따른 진행경로

즉 [그림. 99]에서 빨간 원이 위험지역으로 판단된다고 가정한다면 그 범위에 포함되는 웨이포인트를 지나 그다음 지역으로 바로 이동해야 하며 드론이 그 지역을 통과하지 않고 안전하게 우회해야 할 필요성도 따른다.

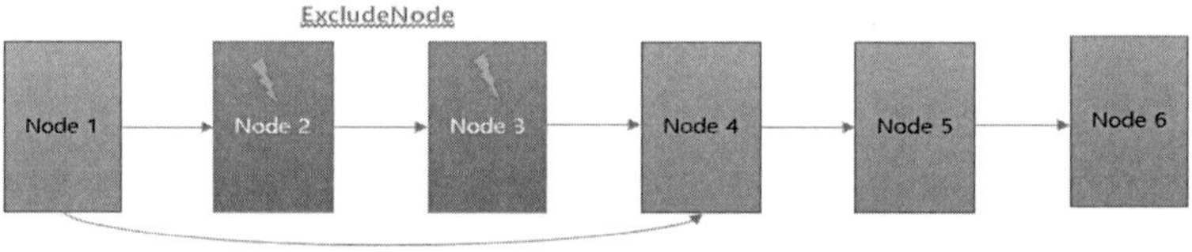

[그림. 99] 위험지역을 제거하는 웨이포인트 노드

[그림. 99]는 [그림. 98]에서 설명하고 있는 웨이포인트 경로 수정을 노드 구조로 설명한 그림이다. 각 노드는 드론의 도착 지점이며 그중 2번, 3번 노드는 위험지역에 포함되는 도착 지점으로 판단되어 [그림. 100]과 같이 웨이포인트 경로에서 삭제되어 1번에서 바로

4번 노드로 경로를 수정한다.

```
top = top of queue;
Point danger; //
while (queue is not empty) {
        Node NodePoint{ top };
        int distance = DistancePoint(NodePoint,danger);
        if (distance <= 5km) { // Inside the danger zone
                DrawCircle(NodePoint.x,NodePoint.y);
              NodePoint.safety = false;
              pop(queue);
        }
      Top--;
}
```

[그림. 100] 위험지역에 포함되는 웨이포인트 제거

가장 먼저 해야 할 일은 이동 경로상에 존재하는 포인트 중 위험 반경 내에 존재하는 포인트를 제거하는 일이다. [그림. 97]은 웨이포인트 노드 중 위험지역과의 거리가 5km(가정) 내에 존재하는 포인트를 큐에서 삭제하는 알고리즘이다. 각 노드별로 위험지역의 중심점과의 거리를 계산하여 반경 내에 포함되면 큐에서 삭제는 물론 가독성을 위해 포인트의 색을 변경시킨다. (DrawCircle)

소개된 코드는 위험지역의 범위를 중심지역으로부터 5(km)의 반지름을 가지는 원을 그려 범위를 가정하였지만 아래 소개되는 근접한 섹터노드(Sector node)의 전체를 위험지역으로 분류시킬 수도 있다.

다음 과정이 지나면 노드 1에서 노드 2와 노드 3을 뛰어넘어 노드 4로 경로가 수정된다. 그러나 웨이포인트 경로가 직선에 가까울수록 노드 1에서 노드 4까지의 거리가 멀어지므로 드론의 부담이 커진다. 현재 시중에 있는 드론들의 성능을 고려해볼 때 이 문제를 해결해야 할 해결책이 필요하다.

짧은 비행속도로 제시되고 있는 해결책 중 임베디드기술에 부딪혔을 때 많은 논문 등과 같은 저술지에서 다루어지고 있는 방법으로는 단순하게 포인트 지점을 늘려 비행 도중 배터리의 충전이 필요할 때 해당 지점에서 충전할 수 있도록 많은 포인트 지점을 설치하는 것이다. 이렇게 많은 포인트 지점이 있다고 할 때 최근접에 위치한 안전한(위험지역이 아닌) 포인트를 찾는 것이다.

한편, 웨이포인트(도착 노드)들의 노드 트리구조는 [그림. 101]과 같다. 최근접 노드를 탐색하기 위해 모든 웨이포인트 노드를 탐색해서 드론의 위치와의 거리를 구하는 방법은 그리 효율적이지 않다.

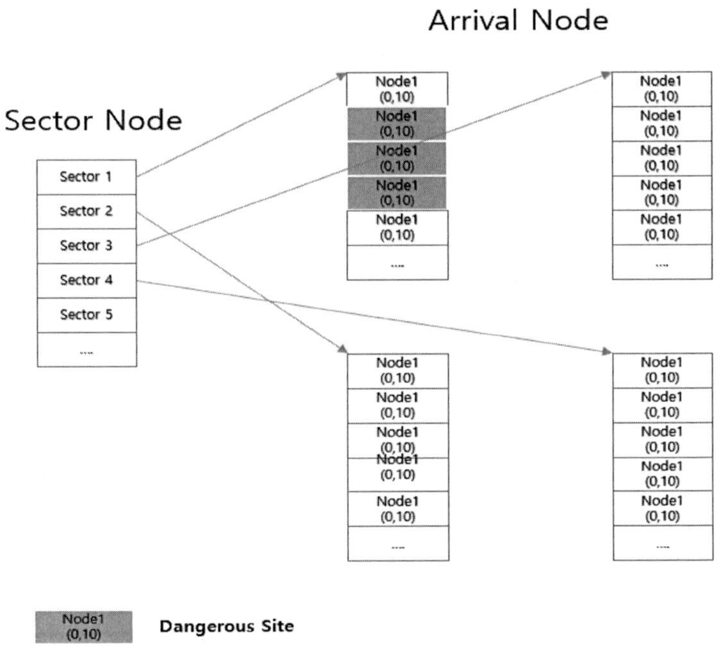

[그림. 101] 웨이포인트(도착노드)들의 노드 트리구조

넓은 지도상에 많은 포인트가 불규칙적으로 분포되어 있으면 그 수를 가늠하기도 어렵다. 그래서 모든 노드를 지역별(섹터 노드)로 구조화시키는 방법을 이용하였다. 각 섹터 노드에는 그 섹터 범위에 포함되는 도착 노드(웨이포인트)들이 저장되어 있어서 탐색해야 할 노드 범위를 확대시킬 수 있다. 단, 위험지역이라고 판단되어 삭제된 노드는 가야 할 인접 노드 후보에서 제외된다는 점을 주의해야 한다. 한편, [그림. 102]는 구글어스에서 제공하는 지도에 응용하여 표현된 지역을 섹터화 보여준다.

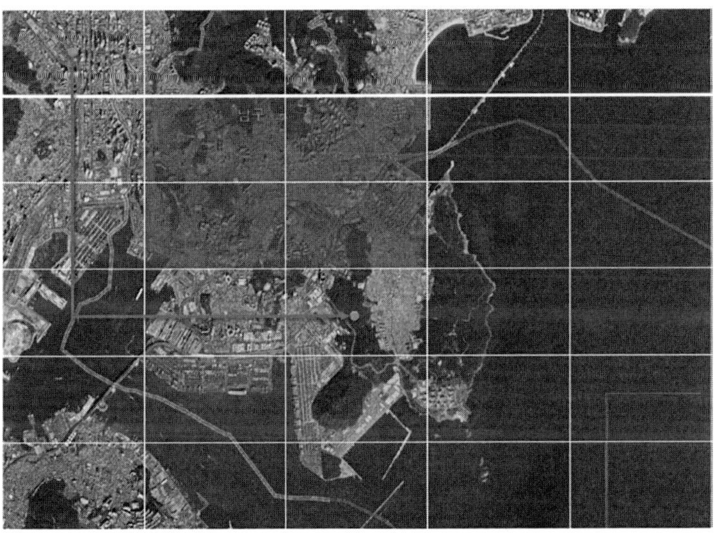

[그림. 102] 구글어스에서 제공하는 지도에 응용하여 표현된 지역을 섹터화

한편, [그림. 103]에서 소개된 코드는 위험반경을 원으로 가정하였지만 위험지역에 인접한 섹터 전체를 위험구역으로 확대시킬 수도 있다.

그렇다면 최근접 노드 탐색 시 제외되는 노드 후보는 도착 노드(웨이포인트노드)에서 제외되는 것이 아니라 섹터 노드(Sector node)에서 제외시킬 수 있으며 다음 노드를 향해 이동할 때 그 섹터를 지나지 않도록 드론의 경로에 해당 섹터의 접근을 제한시킬 수도 있다.

```
// 5 x 5 = 25 Sector of size
int PointGrouping(int x, int y) {
        float average;
        int site;
        DrawCircle(x,y);
        Point point = MakeNodePoint(x,y); //
(Node*)malloc(sizeof(Node))
        point->x = x;
        point->y = y;
        for (int i = 0; i < 5; i++) {
                average = (float)dst.rows / 5 * (i+1);
                if (y > average) {
                        continue;
                }
                for (int j = 1; j <= 5; j++) {
                        average = (float)dst.cols / 5 *
j;

                        if (x > average) {
                                continue;
                        }
                        site = (i*5) + j-1;
                        break;
                }
                if (site is changed)
                        break;
        }
        Node* temp = sector[site];
        while (temp->next is not null)
                temp = temp->next;

        temp->next = point;
        return site;
}
```

[그림. 103] 웨이포인트 생성시 섹터노드에 포함시키는 메서드

웨이포인트 생성 시 섹터 노드(Sector node)에 포함시키는 메서드는 [그림. 104]와 같다. 웨이포인트를 지도상에서 관리하는 섹터 노드 중 위치에 맞게 섹터 노드에 연결시켜 주는 단방향 연결리스트이다. 픽셀 좌표에 따라 웨이포인트를 집합화함으로서 탐색의 효율을 높여준다.

```
void InvestigationSector(Point of drones(x, y)) { // Investigate
eight-directional sectors
        Point drone(x, y);
        int sectorNumber = PointGrouping(x, y);

        if (West is in map) {
                Inverstigation(sectorNumber - 1, drone);
        }
        if (East is in map) {
                Investigation(sectorNumber + 1, drone);
        }
        if (North is in map) {
                Investigation(sectorNumber - 5, drone);
        }
        if (South ic in map) {
                Investigation(sectorNumber + 5, drone);
        }
        if (NorthWest is in map) {
                Investigation(sectorNumber - 6, drone);
        }
        if (NorthEast is in map) {
                Investigation(sectorNumber - 4, drone);
        }
        if (SouthWest is in map) {
                Investigation(sectorNumber + 4, drone);
        }
        if (SouthEast is in map) {
                Investigation(sectorNumber + 6, drone);
        }
}

void InvestigationPoint(int sectorNumber, Point drone) {
        Node* temp = sector[sectorNumber];
        while (temp->next is not null) {
                if (temp->next->safety == true) {
                        int distance = sqrt(pow((temp->next->x -
          drone.x), 2) +   pow((temp->next->y - drone.y), 2));
                        // Distance from drone point to arrival
point
                if (distance < minDistance){
                        closetNode = temp->next;
                        minDistance = distance;
                }
                temp = temp->next;
        }
}
```

[그림. 104] 탐색해야 할 섹터 내에 있는
도착 노드(웨이포인트)와의 거리를 구하는 알고리즘

이처럼 [그림. 104]는 가장 가까운 안전 도착 노드를 찾기 위한 알고리즘으로 드론이 위치하고 있는 섹터와 인접해있는 8방위의 섹터 노드에 있는 웨이포인트들을 탐색대상으로 놓고 드론과의 위치를 계산하는 알고리즘이다.

한편, 현재 드론의 위치 포인트를 안다면 [그림. 104]에서 소개된 알고리즘을 통해 그 포인트가 속해있는 섹터 번호를 알 수 있다. 8방위가 관리되고 있는 지도범위(벽)에 부딪히지 않는다면 탐색대상 섹터가 된다. 두 포인트 간의 거리는 픽셀 좌표값인 x와 y가 주어져 있으므로 대각선의 길이를 구하는 피타고라스정리를 통해 쉽게 계산할 수 있다. 구해진 거리에서 가장 짧은 위치한 노드의 좌표를 ClosetNode라는 독립적인 노드(Node)에 저장한다.

[그림. 105]와 같이 기존의 모든 웨이포인트(Waypoint)와 드론과의 위치를 계산하는 방식에 비해 훨씬 효율적으로 최근접 노드를 탐색할 수 있다. 그 범위가 지도에 많은 웨이포인트가 존재할수록, 그리고 더 넓은 지도가 사용될수록 성능대비가 뛰어나다. 분홍색으로 찍힌 웨이 포인트 노드를 가지는 섹터와 그 섹터를 둘러싸고 있는 8방위에 위치한 섹터 노드들만 탐색하면 되기 때문에 거리계산대상이 되는 도착 노드(웨이포인트노드)가 줄어든다.

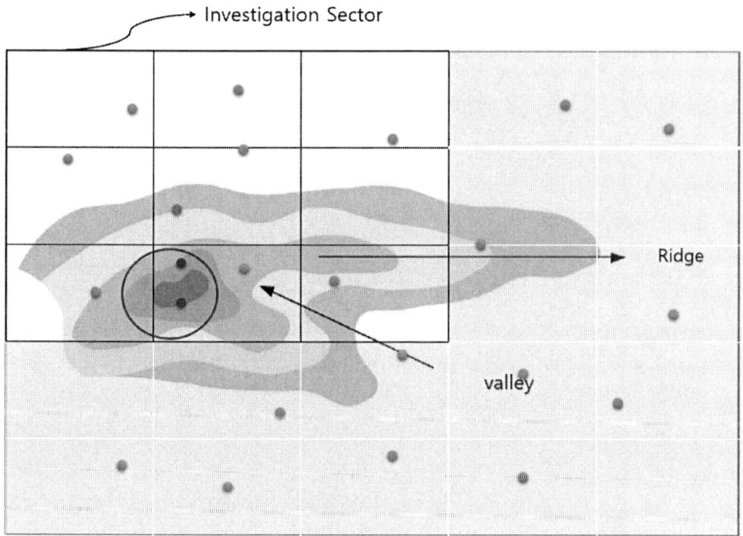

[그림. 105] 웨이포인트의 섹터화에 따라 탐색대상이 되는 섹터

한편, [그림. 104]와 [그림. 105]에서 소개되는 알고리즘 (Algorithm)과 섹터에서는 드론이 위치하고 있는 섹터와 인접한 8방위 섹터만을 조사하고 있다. 그러나 이 알고리즘(Algorithm)에는 조건이 따른다. 각 섹터의 가로세로 상대적 크기 비율에 따라 탐색 되어야 하는 섹터의 범위가 달라진다. 그 예로, 가로가 세로에 비해 2배 이상 길다면 탐색해야 섹터 범위는 세로가 2배 더 넓게 조사되어야 한다. 섹터를 나누는 데 있어서 해당 알고리즘에서는 이해성을 높이기 위해 5x5크기의 25개의 섹터를 임의 생성했지만 실제로 그 비율은 꼭 고려되어야 한다.

기존에 나와 있는 A* 알고리즘(A* Algorithm)은 [그림. 106]과 같이 구성된다.

```
function A*(start,goal)
   closed = empty set
   q = makequeue(path(start))

   while q is not empty do
      p = removef irst(q)
      x = lastnode(p)
      if x in closed then

      end if
   if x = goal then
      return p
   end if
   add x to closed

   for y ← successor(x) do
         enqueue(q, p, y)
   end for
   return Failure

end while
end function
```

[그림. 106] A* 알고리즘(A* Algorithm)

A* 알고리즘(A* Algorithm)은 흔히 알고 있는 다익스트라 알고리즘(Dijkstra Algorithm)과는 많은 정점을 탐색하지 않고 비교적 짧은 시간 내에 목적지까지의 경로를 유도 할 수 있다. 하지만 산악지역이 많은 한국지형에는 적합하지 않다. 본 구현에서는 다익스트라 알고리즘(Dijkstra Algorithm)을 이용해 최단거리를 유도하고 또한 산악지형에 맞게 개선하면서 최종으로 구현한 개선된 A* 알고리즘(A* Algorithm)과 결과를 비교를 해보고자 하였다.

고고도 무인항공기는 평균 9000m이상에서 임무를 수행하기 때문에 고도에 대한 예외상황 발생은 발생하지 않지만 저고도 무인항공기에 속하는 드론은 6km이하의 낮은 고도에서 임무를 수행하기 때문에 사용자가 생각하는 결과를 얻지 못할 수도 있다. 착륙지점의 위치를 파악하고 고도 변화의 비율을 선택할 수 있다면 얻고자 하는 최적의 경로를 얻을 수 있다.

한편, 본 구현의 시뮬레이션 프로그램(Simulation Program)은 유니티(Unity) 및 C#을 이용해 MVC 패턴으로 구현 하였으며, 사용하는 지도의 픽셀을 이용하여 고도 및 장애물을 파악한다. 각 픽셀은 [그림. 107] 의 노드 데이터에 해당하며 각 노드는 A* 알고리즘(A* Algorithm) 연산 중 우선순위 큐에 삽입에서 자신을 큐에 삽입한 노드를 알고 있다. 이는 목적지에서 출발지까지의 경로를 출력하는데 이용된다.

```
Class Node
{
    public NodeType nodeType;

    public int xIndex;
    public int yIndex;

    // Three-dimensional (x, y, z) vector
    public Vector3 position;

    // List to save current node and adjacent nodes
    public List<Node> neighbors = new List<Node>();

    public float distanceTraveled;
    public Node previous = null;

    public float priority;
}
```

[그림. 107] 경로 유도 프로그램 데이터 형식 정의

[그림. 108]은 Graph 객체에 대한 정의이며, 노드 데이터로 구성된 그래프에서의 거리연산 연산 및 인접 노드로의 이동 함수를 이용하여 그래프와 관련된 데이터 출력을 담당한다. Vector2는 2자원석인 움직임 정보에 대한 객제이며 현새 위치를 기짐으로 하여 8방위를 움직일 수 있게 allDirections 리스트에 저장되어 있다.

```
Class Graph
{
    public Node[,] nodes;
    public List<Node> walls = new List<Node>();

    int[,] m_mapData;
    int m_width;
    public int Width { get { return m_width; } }
    int m_height;
    public int Height { get { return m_height; } }

    // Define a vector that moves eight directions at the current
point
    public static readonly Vector2[] allDirections =
    {
        new Vector2(0f,1f),
        new Vector2(1f,1f),
        new Vector2(1f,0f),
        new Vector2(1f,-1f),
        new Vector2(0f,-1f),
        new Vector2(-1f,-1f),
        new Vector2(-1f,0f),
        new Vector2(-1f,1f)
    };

List<Node> GetNeighbors(int x, int y, Node[,] nodeArray,
Vector2[] directions)
    {
        List<Node> neighborNodes = new List<Node>();

        foreach (Vector2 dir in directions)
        {
            int newX = x + (int)dir.x;
            int newY = y + (int)dir.y;

            if (IsWithinBounds(newX, newY) && nodeArray[newX,
newY] != null &&
                nodeArray[newX, newY].nodeType !=
NodeType.Blocked)
            {
                neighborNodes.Add(nodeArray[newX, newY]);
            }
        }
        return neighborNodes;

    }
    public float GetNodeDistance(Node source, Node target)
    {
        int dx = Mathf.Abs(source.xIndex - target.xIndex);
        int dy = Mathf.Abs(source.yIndex - target.yIndex);

        int min = Mathf.Min(dx, dy);
        int max = Mathf.Max(dx, dy);

        int diagonalSteps = min;
        int straightSteps = max - min;
```

```
        return (1.5f * diagonalSteps + straightSteps);
    }
}
```

[그림. 108] 그래픽 객체 (Graph Class)의 정의

[그림. 109] 는 [그림. 110] 를 설명하기 위한 예시이며 이 두 그림은 [그림. 108]의 GetNodeDistance를 설명한다. 본 프로그램에서는 각 노드는 1X1의 형태를 유지하고 있음을 가정하였다. 노드 당 대각선거리는 1.5로 한다.

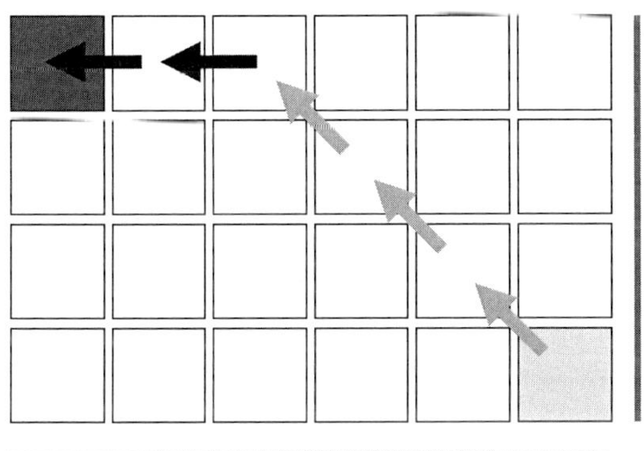

[그림. 109] 지도상의 출발점과 도착점의 거리 예시

[그림. 109]를 이용하여 [그림. 110]를 계산하게 되면 픽셀 상에서의 총 대각선의 거리는 행과 열의 두개 중 가장 작은 값 4, 즉 6이 되며 직선의 거리는 2가 된다. [그림. 109]의 출발점과 도착점 사이의 최단 거리는 8 (목적지 포함)이 된다.

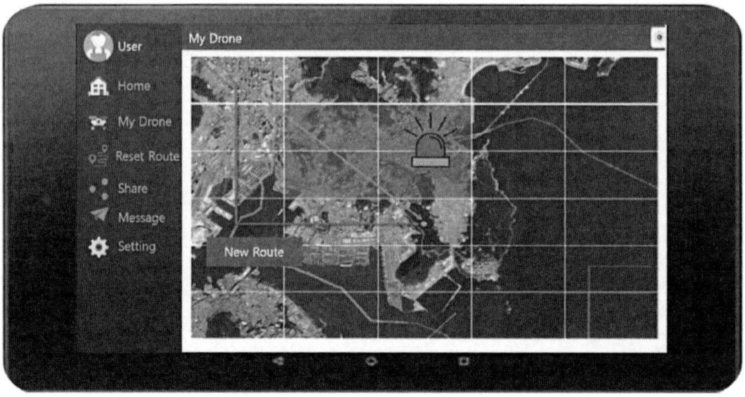

[그림. 110] 설계한 프로그램 예시

[그림. 111]은 MapData.cs를 데이터화 시키는 부분들을 따로 정리해 둔 집합들이다. 위의 구성요소들을 이용해 유니티(Unity)환경에서 지도를 그리고 각 픽셀은 이전에 언급된 대로 노드화되며 각 지형의 색은 그래프상에서는 가중치이며 실제 지도에서는 높이이자 색을 나타내며 이 데이터는 노드의 NodeType 변수에 대입된다.

```
public enum NodeType
{
    Open = 0,
    Blocked = 1,
    Low = 2,
    Middle = 3,
    High = 4
}

public Color32 LowTerrainColor = new Color32(124, 194, 78, 255);
public Color32 MiddleTerrainColor = new Color32(252, 255, 52,
255);
public Color32 HighTerrainColor = new Color32(255, 129, 12, 255);

static Dictionary<Color32, NodeType> terrainTable
= new Dictionary<Color32, NodeType>();

 void SetupLookupTable()
    {
        //key, value
        terrainTable.Add(openColor, NodeType.Open);
        terrainTable.Add(blockedColor, NodeType.Blocked);
        terrainTable.Add(LowTerrainColor, NodeType.Low);
        terrainTable.Add(MiddleTerrainColor, NodeType.Middle);
        terrainTable.Add(HighTerrainColor, NodeType.High);

    }
```

[그림. 111] 지도 파일을 통한 지형 분류

한편, [그림. 112]은 우선순위 큐를 이용한 다익스트라 알고리즘이며 본 프로그램에서 사용하기 위해 구현한 것이다. 각 최단경로 알고리즘들은 사전에 작성한 Controller에 의해 제어되고 실행된다.

```
// Dijkstra Algorithm + Priority Queue
    void Path_Dijkstra(Node node)
    {
        int penal = 0;
        if (node != null)
        {
            for (int i = 0; i < node.neighbors.Count; i++)
            {
                if (!m_exploredNodes.Contains(node.neighbors[i]))
                {
                    // Dijkstra Algorithm
                    float distanceToNeighbor =
m_graph.GetNodeDistance(node, node.neighbors[i]);

                    // Add Weighting Considering Terrain
                    float newDistanceTraveled = distanceToNeighbor
+ node.distanceTraveled + (int)node.nodeType;
```

```
                    if
(float.IsPositiveInfinity(node.neighbors[i].distanceTraveled) ||
                        newDistanceTraveled <
node.neighbors[i].distanceTraveled)
                    {
                        node.neighbors[i].previous = node;
                        node.neighbors[i].distanceTraveled =
newDistanceTraveled;
                    }

                    if (!Search_Nodes.Contains(node.neighbors[i]))
                    {
                        node.neighbors[i].priority =
node.neighbors[i].distanceTraveled;
                        Search_Nodes.Enqueue(node.neighbors[i]);
                    }
                }
            }
        }
    }
```

[그림. 112] 다익스트라 알고리즘 구현

[그림. 113]은 [그림. 112]을 이용한 다익스트라(Dijkstra)의 최단 경로 탐색 과정을 나타낸 것이다. 초록색의 시작점에서 퍼지는 형태로 진행되며 탐색 영역이 도착점에 도달할 때까지 과정은 계속된다. 지도는 산악지형을 나타낸 것이며 등고선 영역의 각 색은 높이 정도를 나타낸다. 초록색이 가장 낮고 그 다음 노랑, 가장 높은 영역을 주황으로 정의한다. 탐색과정에 있어서 다익스트라(Dijkstra)는 각 높이에 대한 가중치를 같이 고려하여 최단 경로를 구한다. 도착점이 발견되면 발견된 지점 노드에서부터 이전 노드(Previous Node)를 출발점이 나올 때 까지 참조하면서 타고 들어가게 되고 타고 들어가면서 경로를 표시하게 된다.

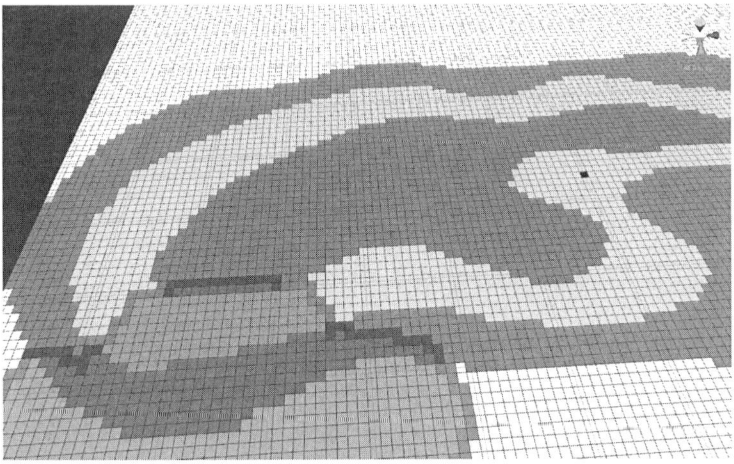

[그림. 113] 다익스트라 탐색 진행과성

한편, [그림. 114]는 [그림. 113]에 대한 결과이며 파란색 픽셀은 산악지형의 높이를 가중치로 한 출발지에서 도착지점까지의 최단 거리를 나타낸다.

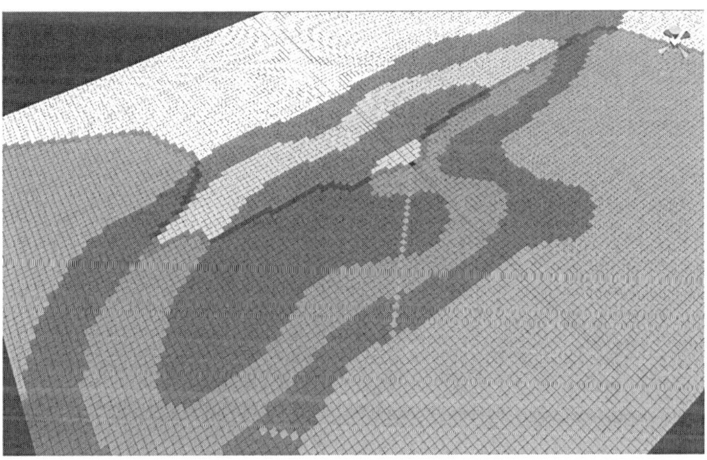

[그림. 114] 다익스트라 발고리즘을 이용한 최단기리 표시

[그림. 115]은 탐색에 있어서 걸린 시간 및 최단 경로의 길이를 나타낸다. 우선순위 큐를 사용한 다익스트라 알고리즘(Dijkstra Algorithm)이라고는 하지만 탐색에 있어서 많은 시간이 소요되었고 현재 드론의 고도(현재 지형의 높이)가 상대적으로 고려되지 않아 최단경로의 길이가 길어졌다.

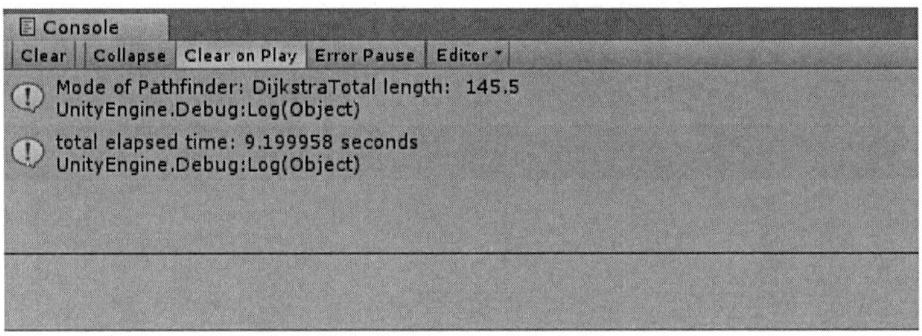

[그림. 115] 걸린시간 및 최단경로 길이

[그림. 116]은 [그림. 112]에서 구현한 알고리즘에서 중간을 수정한 부분을 나타낸다. 현재의 노드의 고도(Node Type)을 확인하고 이웃한 노드의 타입이 동일하다면 추가되는 가중치는 없도록 계산하였으며 여기서 '-1'은 float 형식으로 데이터를 연산하면서 생기는 오차를 보완하기 위해 추가한 것이다.

```
if ((int)node.neighbors[i].nodeType == (int)node.nodeType)
 {
      penal = (int)node.nodeType;
 }
else
 {
      //-1 : error
      penal = Mathf.Abs((int)node.nodeType -
(int)node.neighbors[i].nodeType) - 1;
 }
```

[그림. 116] 개선 된 다익스트라 알고리즘

[그림. 117]은 [그림. 116] 의 내용을 추가한 개선 된 다익스트라 알고리즘의 결과이며 [그림. 114] 과는 경로 및 탐색의 영역 넓이의 차이를 볼 수 있다.

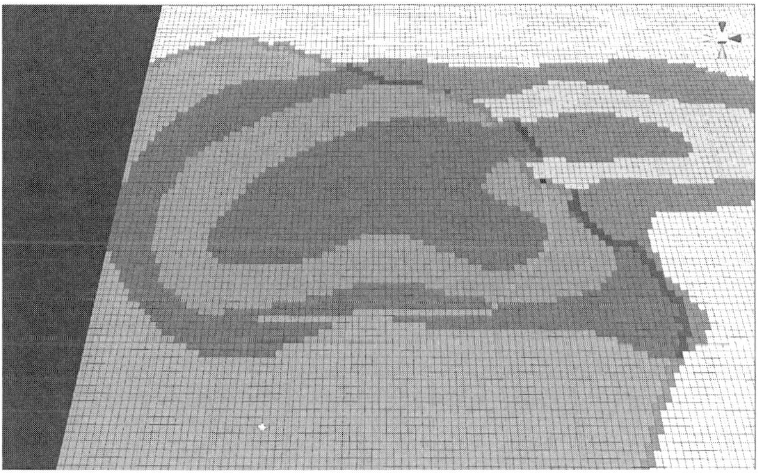

[그림. 117] 개선 된 다익스트라 알고리즘 최단거리 탐색 결과 (1)

[그림. 118]은 개선된 다익스트라 알고리즘(Dijkstra Algorithm)의 결과 내용을 데이터화 한 것이다. [그림. 115] 과는 다르게 경로의 길이가 145에서 65로 약 2배 정도 개선되었으며 경로 탐색에 있어서 걸린 시간 역시 9.19초에서 3.33초로 3배 정도 개선되었다. 하지만 본 연구에서는 이를 더욱 개선하고자 사전에 언급한 대로 A*알고리즘(A* Algorithm)을 접목 시켰으며 그와 관련된 핵심 코드(Core Code)는 다음과 같다.

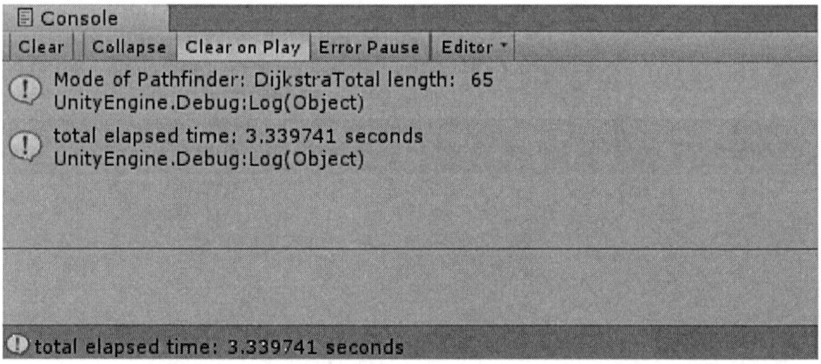

[그림. 118] 개선된 다익스트라 알고리즘 최단거리 탐색 결과 (2)

[그림. 119]는 A* 알고리즘을 구현한 것이며 주석으로 언급된 부분을 제외하고는 기존의 알고리즘, [그림. 116]과 거의 동일하다. 해당 프로그램은 산악지형이 많은 한국의 지형에 맞게 두가지 기능을 추가하였는데 첫 번째는 고도(가중치)를 포함하여 항상 최단거리를 생각하는 경우이며 두 번째는 현재 고도(현 지형의 높이)를 최대한 유지하며 최단거리를 찾아낸다.

```
void Path_Astar(Node node)
 {
      int Plus = 0;
      if (node != null)
      {
           for (int i = 0; i < node.neighbors.Count; i++)
           {
                if (!m_exploredNodes.Contains(node.neighbors[i]))
                {
                 float distanceToNeighbor = m_graph.GetNodeDistance(node,
node.neighbors[i]);
                     float newDistanceTraveled = 0;
      // Omitted part
           // 1. Search the shortest path first
           // 2. Search for the shortest path with the current altitude kept as
high as possible
                     if (float.IsPositiveInfinity(node.neighbors[i].distanceTraveled)
||
                          newDistanceTraveled                              <
node.neighbors[i].distanceTraveled)
                     {
```

```
                    node.neighbors[i].previous = node;
                    node.neighbors[i].distanceTraveled =
newDistanceTraveled;
                }

                if (!Search_Nodes.Contains(node.neighbors[i]) &&
m_graph != null)
                {
        int distanceToGoal =
(int)m_graph.GetNodeDistance(node.neighbors[i],m_goalNode);
                node.neighbors[i].priority = node.neighbors[i].distanceTraveled
+ distanceToGoal;
                    Search_Nodes.Enqueue(node.neighbors[i]);
                }
            }
        }
    }
}
```

[그림. 119] 생략 된 부분을 제외한 A* 알고리즘

[그림. 120]은 [그림. 119]에서 생략된 1번 부분이다. 이전에 구현한 개선 된 다익스트라 알고리즘(Dijkstra Algorithm)의 부분을 추가한 것이며 상대적인 경로의 개념을 도입한 것이다, 즉 이웃한 노드의 정점의 차이만을 감산하는 방식이다. 현재 위치와 이웃한 위치의 높이가 같다면 추가되는 가중치는 없게 지정하였다. 즉 높은 곳에서 내려오는 구간에 매우 효율적으로 적용 할 수 있지만 상대적으로 올라가는 구간이 많은 산악지형, 즉 착륙지점이 같은 위치에 드론의 고도와 거의 비슷한 곳에 위치해 있지만 중간에 산맥들 때문에 돌아가는 구간에는 적합하지 않을 수 있는 경우가 있다. 이를 위해 추가로 고안한 알고리즘(Algorithm)은 다음과 같다.

```
if (Ch==Characteristic.Depending_on_length)
{
     if ((int)node.neighbors[i].nodeType == (int)node.nodeType)
    {
       Plus = (int)node.nodeType;
    }
     else
    {
     Plus           =           Mathf.Abs((int)node.nodeType         -
(int)node.neighbors[i].nodeType) - 1;
    }

    newDistanceTraveled = distanceToNeighbor + node.distanceTraveled
    + (int)node.nodeType - Plus;
}
```

[그림. 120] 우선 고려대상이 최단거리인 [그림. 119]의 1번부분

[그림. 121] 은 현재 위치를 유지하면서 최단경로에 존재하는 상대적으로 높은 곳의 산맥들은 돌아가는 방식으로 구현한 알고리즘(Algorithm)이다. [그림. 120] 과는 크게 차이는 없지만 현재 고도(위치)에서는 추가적인 가중치가 들어가지 않도록 지정하고 경로의 차이, 즉 다음 위치와의 차이를 감산이 아닌 가산하는 방식으로 동작하도록 지정하였다. 이는 최단거리가 최대한 현재 지형을 벗어나지 않도록 유지시킨다.

```
if (Ch==Characteristic.Keep_now_height)
 {
     if ((int)node.neighbors[i].nodeType == (int)node.nodeType)
     {
        Plus = -1 * (int)node.nodeType;
     }
     else
     {
       Plus          =           Mathf.Abs((int)node.nodeType          -
(int)node.neighbors[i].nodeType) - 1;
     }
     newDistanceTraveled = distanceToNeighbor + node.distanceTraveled
     + (int)node.nodeType + Plus;
 }
```

[그림. 121] 현재 고도(위치)를 유지하면서 최단거리를 찾아내는 알고리즘 [그림. 119] 의 2번부분

한편, [그림. 122], [그림. 123]은 같은 시작점과 도착지의 상황에서 1번과 2번을 A*알고리즘에 적용했을 시 경로 차이를 나타낸 것이다.

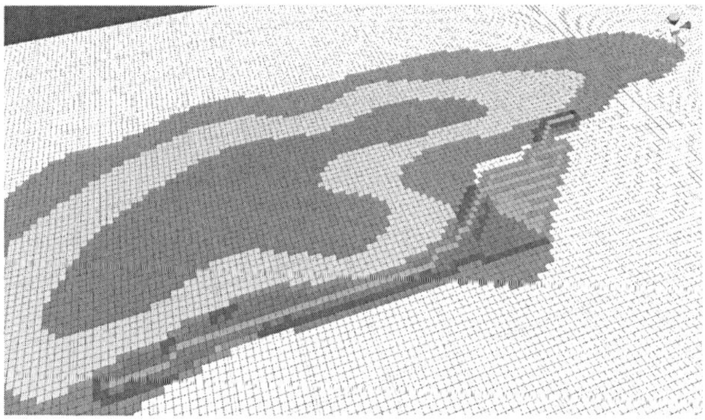

[그림. 122] 최단거리를 우선으로 생각한 경로(1번 알고리즘 사용)

또한, [그림. 123]은 [그림. 122]과는 달리 현재 지형을 계속 유지하려는 성향이 강함을 볼 수 있다. 이러한 경로들을 탐색하는 걸린 시간과 출력된 경로의 길이는 다음과 같다.

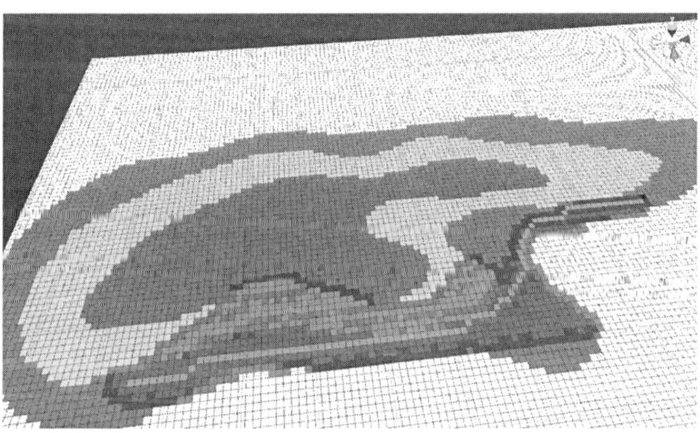

[그림. 123] 현재 지형을 최대한 유지한 상태로 최단거리 탐색방식 (2번 알고리즘 사용)

[그림. 124]는 [그림. 122]의 결과를 얻기까지 걸린 시간 및 최단경로의 길이를 나타낸 것이다. 기존의 A* 알고리즘(A* Algorithm) 답게 경로를 찾는데 소요된 시간 및 탐색한 영역들은 이전의 다익스트라 알고리즘(Dijkstra Algorithm)을 활용했을 때 보다 훨씬 적었고 경로 역시 상대적으로 최적으로 나왔다.

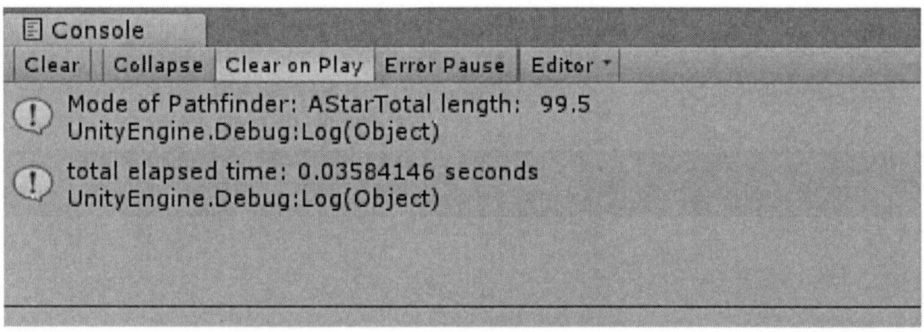

[그림. 124] 1번 알고리즘 이용한 결과

[그림. 125] 은 [그림. 123]의 결과를 얻기까지 걸린 시간 및 경로 길이이며 돌아가려는 성향이 강하기에 [그림. 124]의 결과의 경로길이 및 걸린 시간을 더 소요되었다. 본 프로그램은 1번과 2번의 알고리즘을 토글(Toggle) 할 수 있게 하였고, 뇌우지역 회피 및 착륙좌표 데이터를 출력하는 프로그램과 연동하여 지형의 특성에 맞게 드론에게 뇌우가 치지 않은 착륙지점을 최적의 경로로 유도할 수 있게 하였다.

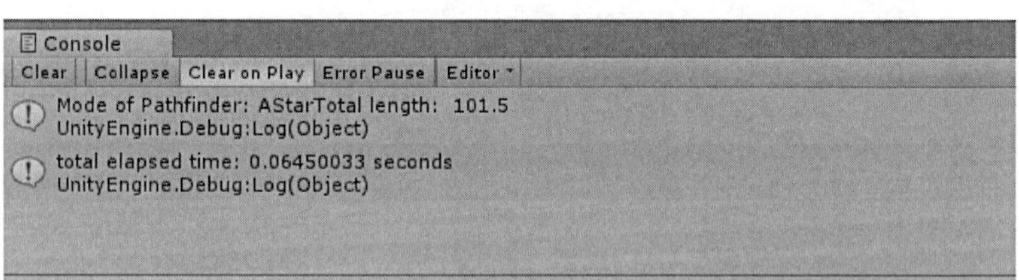

[그림. 125] 2번 알고리즘 이용한 결과

읽을거리

부산시 광안리 M 드론라이트쇼 2024년 카운트 다운 공연 통신장애로 취소

[그림. 126]와 같이 2023년 12월 31일 대한민국 부산시 광안리에서 M 드론라이트쇼(M Drone Light Show) 2024년 카운트다운 공연이 열릴 예정이었다.

[그림. 126] 2024 카운트다운 특별공연 안내문

출처: 2024 카운트다운 특별공연 안내
https://www.visitbusan.net/schedule/view.do?boardId=BBS_0000009&menuCd=DOM_000000204019000000&dataSid=3005

그러나 [그림. 127]처럼 2023년 12월 31일 자정에 개최될 예정이었던 공연이 통신장애로 개최되지 못하였다. 사람들이 많은 장소에서 드론 통신 장애가 발생할 수 있다.

인파가 많은 곳에서는 무선 통신 주파수 대역이 혼잡해지고, 이는 드론의 통신에 영향을 줄 수 있다. 그리고 많은 사람들이 모여 있는 장소에서는 무선 신호의 간섭이 발생할 가능성이 높다.

이러한 상황에서는 드론을 운영하기 전에 주파수 대역 분석 및 주변 환경에 따른 통신 시스템의 안정성을 확인하는 것이 중요하다. 그리고 행사 주최자는 이러한 문제가 발견되면 드론 운영 시간을 조정하거나 다른 통신 방식을 고려할 수 있다. 가능한 한 무선 통신 주파수를 혼잡하지 않은 지역으로 설정하여 드론의 안전한 운행을 보장하는 것이 필요하다. 따라서 인명사고 방지 혹은 기술적인 문제(드론운영 불가)로 당시 행사를 취소한 것은 적절하다고 생각된다. 다음날 성공적으로 행사를 완료 하였고 공연의 모습은 [그림. 128]과 같다.

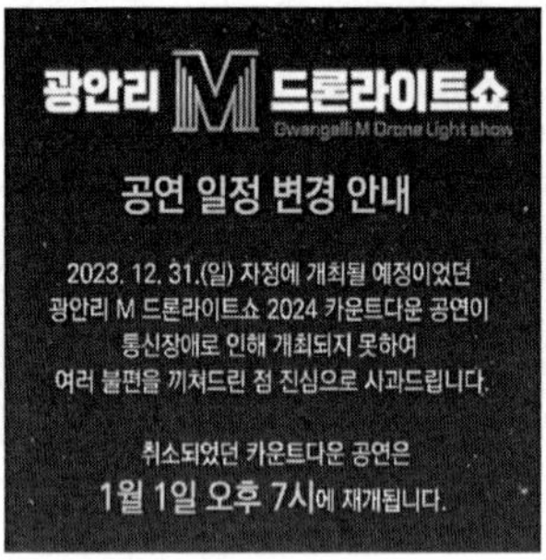

[그림. 127] 부산시 수영구청 사과 안내문

출처: 부산시 수영구청 홈페이지

[그림. 128]는 부산시 수영구 홈페이지에서 2024년 1월 1일 저녁 성공한 M 드론라이트쇼(M Drone Light Show) 카운트다운 공연모습의 사진과 함께 2월 설연휴 홍보글이다.

청룡이 다시 뜬다!

2월 10일(토) 19시 광안리해변 / 갑진년 설날 2000대 드론 특별공연

작성일 : 2024년 01월 25일 | 조회수 : 137 | 작성자 : 기획전략과

[그림. 128] 2024년 1월 1일 저녁 성공적인
M 드론 라이트쇼 카운트다운 공연모습과 2월 설연휴 홍보
출처: 부산시 수영구청 홈페이지
https://www.suyeong.go.kr/index.suyeong

6.2. 미국 록히드마틴사 드론 개발 방법과 사례 소개

6.2.1. X-56A 개발과정과 시제품

미국 록히드마틴(Lockheed Martin)사에서 2013년 6월 17일 무인 드론인 X-56A 개발과정과 데모버전을 미국 록히드마틴(Lockheed Martin)사의 공식 유튜브로 공개하였다. 본 제품은 2005년부터 연구 개발을 시작하였고, 수년 전부터 미군에 실전 배치되었다. Lockheed Martin 공식 유튜브의 "X-56A: Breaking the Flutter Barrier" 에 소개된 내용은 다음과 같다.

출처: 미국 록히드마틴(Lockheed Martin)사의 공식 유튜브 https://www.youtube.com/watch?v=jM1ns11VWS8

홍보영상에는 다음과 같은 설명이 공개되어 있다.

The X-56A is an unmanned multiple use technology demonstrator designed to test active flutter suppression and gust load alleviation incorporating advanced control technology. The technologies demonstrated by the X-56A are vital to the successful development of the slender, lightweight, high-aspect-ratio wings that could be used by future transports and intelligence, surveillance and reconnaissance UASs to increase aircraft performance and lower the vehicle fly away and operating costs.

국문으로 번역하면 미국 록히드마틴사의 X-56A는 능동적인 플러터 억제 및 돌풍 부하 완화를 테스트하기 위해 설계된 무인 다목적 기술 데모 프로토타입으로, 고급 제어 기술을 통합하고 있다. X-56A에 의해 시연된 기술은 미래 운송 수단 및 정보 수집, 감시 및 정찰 무인 항공 시스템(UAS)에서 사용될 수 있는 날씬하고 가벼운 고율격 날개의 성공적인 개발에 중요하다. 이는 항공기의 성능을 향상시키고 비행 및 운영 비용을 낮출 수 있다.

플러터(Flutter)는 공기역학과 구조동역학이 충돌하는 곳에 숨어 있다. [그림. 129]와 [그림. 130]와 같이 플러터(Flutter)는 교량(橋梁; Bridge)이나 항공기에 치명적이다.

[그림. 129]는 플러터 현상(Flutter Phenomenon)을 보여주며 플러터 현상(Flutter Phenomenon)은 구조물이나 시스템이 특정 조건에서 공기동역학적인 힘과 구조적인 특성들이 상호작용할 때 발생하는 안정성 문제가 발생하는 현상이다. 이 현상은 특히 고속으로 운행되는 항공기나 교량(橋梁; Bridge) 등 구조체에서 발생[그림. 130] 할 수 있다. 플러터 현상(Flutter Phenomenon)은 구조물이나 시스템이 일정 속도나 주파수에서 공진하거나 공기동역학적인힘에 의해 고주파수 진동을 겪는 것으로 특징 지어진다.

[그림. 129] 플러터 현상 (The Flutter Phenomenon)

[그림. 130] 플러터 현상으로 교량(橋梁; Bridge)이 무너지는 모습

플러터 현상(Flutter Phenomenon)은 항공기의 날개나 제어 표면 등이 고속으로 진동하는 현상이다. 이는 고속 비행이나 다이내믹한 비행 조건에서 발생할 수 있다. 플러터(Flutter)가 과도하게 발생하거나 무시되면, 이는 항공기의 구조적 손상이나 기능상의 문제를

초래할 수 있다[그림. 131], [그림. 132]. 날개의 완파는 항공기의 안전성을 심각하게 저해시키며, 대부분 경우에는 비상 상황으로 이어진다.

[그림. 131] 플러터 현상이 있기 전 항공기의 날개의 모습

[그림. 132] 플러터 현상으로 항공기의 날개가 완파되는 모습

2005년 미국 록히드 마틴(Lockheed Martin)사 연구팀은 독립적인 연구 프로젝트를 시작하여 그것의 플러터 모델링(Flutter Modeling) 기술을 검증하고 활동적인 플러터(Flutter) 억제의 가능성을 연구했다. 먼저 설계한 모델의 비용을 최소화하기 위해 [그림. 133]과 같이 매우 가벼운 재료(Material)로 제거 가능한 바디 프리덤 플러터(BFF:Body Freedom Flutter)를 위하여 원격 조종 비행체(RPV: Remote Piloted Vehicle) 5대를 설계 하였고 제작하였다.

한편, 바디 프리덤 플러터(BFF: Body Freedom Flutter)는 비행체가 고도 및 속도를 변화시킬 때 발생하는 자유율동 현상을 의미한다. 이 현상은 비행체가 유동적으로 움직이며 일정 속도와 고도에서 발생할 수 있다. RPV는 Remote Piloted Vehicle의 약자로, 원격 조종 비행체를 나타낸다.

[그림. 133] Body Freedom Flutter (BFF)

한편, [그림. 134]는 46노트의 BFF이며, [그림. 135] 손상으로 추락 중인 동체(Fuselage)와 [그림. 136] 추락 후의 동체(Fuselage)이다.

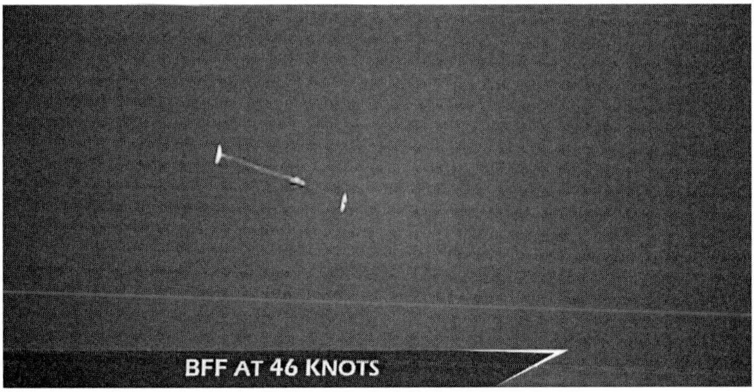

[그림. 134] 46노트의 BFF

[그림. 135] 손상으로 추락 중인 동체 (Fuselage)

[그림. 136] 추락 후의 동체 (Fuselage)

[그림. 137]은 75노트에서의 폐쇄 루프 플러터(Closed Loop Flutter at 75 Knots)는 비행기나 다른 항공기가 75노트의 속도에서 폐쇄 루프 현상을 겪는 것을 의미한다. 폐쇄 루프(Closed Loop)는 항공기가 특정 속도에서 발생하는 안정성 문제로, 비행기의 날개나 꼬리편 같은 부분이 고속으로 진동하거나 흔들리는 현상을 나타낸다.

[그림. 137] 75노트에서의 폐쇄 루프 플러터 (Closed Loop Flutter at 75 Knots)

[그림. 138]는 완성된 프로토타입(Prototype) X-56A의 상단에 위치한 디스플레이 장치이다. 이 디스플레이 장치는 비행 중에 비행 상태, 시스템 상태, 비행 경로, 또는 다른 정보를 시각적으로 표시하기 위해 사용될 수 있다. 또한, 비행 조종사가 비행 상황을 실시간으로 모니터링하고 필요한 조작을 수행할 수 있도록 도와준다. 디스플레이 장치는 주로 LCD 또는 LED 기술을 사용하여 정보를 표시하며, 비행 체계에 따라 다양한 기능과 인터페이스를 제공할 수 있다.

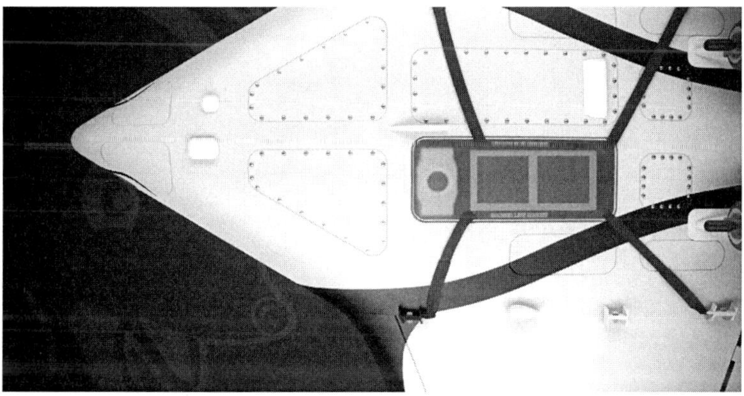

[그림. 138] 완성된 프로토타입 (Prototype) X-56A 상단에 위치한 디스플레이 장치

한편, [그림. 139]과 같이 X-56A 동체 관리 시스템 컴퓨터(X-56A Vehicle Management System Computer)는 X-56A 프로토타입 비행체의 핵심 시스템 중 하나이다. 본 컴퓨터는 비행체의 모든 운용 및 제어 기능을 관리하는 역할을 한다. 본 시스템은 비행 중에 비행 상태를 모니터링하고, 비행 경로를 계획하며, 비행 제어 시스템과 통신하여 비행을 조정한다. 또한, 비행 중 발생하는 데이터를 수집하고 분석하여 유용자에게 제공한다. 이렇게 함으로써 비행체의 안전

성과 효율성을 유지하고 최적의 비행 성능을 달성할 수 있다. 이처럼 X-56A 동체 관리 시스템 컴퓨터는 비행체의 다양한 부분과 시스템과 연결되어 있으며, 이를 통해 전반적인 비행체 운용을 지원한다.

[그림. 139] X–56A 동체 관리시스템 컴퓨터(X–56A Vehicle Management System Computer)

한편, [그림. 140]의 X-56A의 제트캣 P400 터빈 엔진(Jetcat P400 Turbine Engines)은 X-56A 프로토타입 비행체에 장착된 엔진으로, 비행체를 구동하고 비행을 가능하게 하는 핵심 구성품 중 하나이다. 고속 비행 및 장거리 비행에 적합한 엔진으로 알려져 있으며, 고성능 및 안정성을 제공한다. 비행체의 동력원으로서 중요한 역할을 하며, 비행 시스템의 일환으로 통합되어 있다.

[그림. 140] X-56A의 제트캣 P400 터빈 엔진(Jetcat P400 Turbine Engines)

X-56A의 확장 가능한 데이터 수집 시스템(Expandable Data Acquisition System)은 [그림. 141]와 같이 X-56A 프로토타입 비행체에 장착된 데이터 수집 시스템을 말한다. 본 시스템은 비행 중에 발생하는 다양한 데이터를 수집하고 기록하여 비행 테스트 및 분석에 사용된다. 이 데이터 수집 시스템은 확장 가능한 디자인으로 구축되어 있어, 필요에 따라 추가 센서나 모듈을 추가하여 다양한 데이터를 수집할 수 있다.

또한, 본 시스템은 비행체의 성능, 안전성, 및 운용 상태 등을 평가하고 개선하기 위한 중요한 도구로 활용된다. 따라서 X-56A의 확장 가능한 데이터 수집 시스템은 비행체의 개발 및 시험에 필수적인 기능을 제공한다.

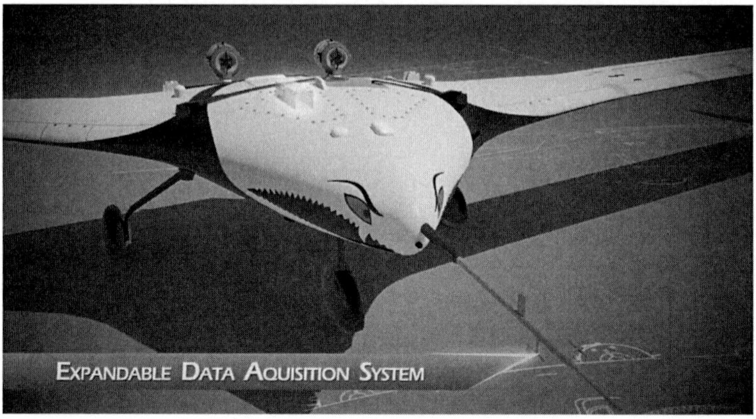

[그림. 141] 확장 가능한 데이터 수집 시스템(Expandable Data Aquisition System)

X-56A 항공 데이터 비행 시험 중 "Boom"은 [그림 142]과 같이 동체의 외부에 부착된 데이터 수집 장비이다. 동체의 외부에 부착된 센서 및 장비를 통해 항공기 주변의 대기 상태를 측정하고 데이터를 수집하여 비행 중에 안전성 및 성능을 평가할 수 있다. "Boom"이라는 용어는 종종 센서나 장비가 확장되어 있는 형태를 묘사할 때 사용다. 이러한 장비는 비행 시험 중에 주변 대기의 압력, 온도, 고도 등과 같은 데이터를 수집하여 분석하는데 사용된다.

[그림. 142] 항공 데이터 비행 시험 Boom (Air Data Flight Test Boom)

X-56A의 미래 미션을 위한 여분 공간(Excess Volume for Future Missions)[그림. 143] 동체의 추가적인 공간이나 여유 공간을 의미한다. 이 추가 공간은 여러 목적을 위해 사용될 수 있다.

X-56A가 미래의 임무에 대비하여 추가적인 공간이나 여유 용량을 갖추고 있는 부분이다. 이를 어떻게 활용할 수 있는지에 대한 정보는 비공개이지만 다양한 개조가 가능할 것으로 추론된다.

[그림. 143] 미래 미션을 위한 여분 공간 (Excess Volume for Future Missions)

X-56A 탄도 회복 시스템(Ballistic Recovery System)[그림. 144]은 동체가 비정상적인 상황에서 또는 비상 착륙시에 안전을 보호하기 위해 설계된 시스템이다. 이 시스템은 항공기의 고도가 낮을 때, 예를 들어 엔진 고장이나 기타 비상 상황에서 발생할 수 있는 모든 상황에 대비하여 설계되었다. 탄도 회복 시스템(Ballistic Recovery System)은 주로 드론(Drone)이나 경량 항공기에 사용되며, 비상 상황에서 패러슈트와 같이 작동하여 항공기의 추락을 방지하고 승무원과 승객을 안전하게 지상으로 회복시킨다. 이러한 시스템은 주로 고정익 비행기나 헬리콥터와 같은 항공기에 장착되며, 비상 시에는 항공기의 전체 무게를 지탱할 수 있는 큰 낙하산이 펼쳐져 추락을 완화 하기도 한다. 한편, 전통적으로 탄도 회복 시스템(Ballistic Recovery System)은 비상 착륙 시스템으로만 사용되었지만 최근에는 탄도 회복 시스템이 미리 예측할 수 없는 상황에서 항공기와 승무원을 보호하는데 사용되는 비상 장치로서의 역할을 한다.

[그림. 144] 탄도 회복 시스템(Ballistic Recovery System)

연구 및 개발 비행 시험용 완전한 무인 항공 시스템[그림. 145](A Complete UAS for Research and Development Flight Test)은 크게 3가지 구성 요소들을 포함하고 있다. 먼저 동체(Airframe)는 무인 항공기(X-56A/UAV)이며 임무의 특정 요구 사항에 따라 하중 용량, 내구성 및 기동성 등이 크게 달라질 수 있다. 연구 및 개발 목적에 맞는 동체는 다양한 센서 및 장비의 쉬운 수정 및 통합을 허용하는 사용자 정의가 가능한 동체이다.

두번째 지상 제어 스테이션(GCS: Ground Control Station)[그림. 146]이 있다. 지상 제어 스테이션(GCS)은 운영자가 비행 중에 무인 항공기를 제어하는 데 사용하는 시스템이다. 일반적으로 하드웨어 인터페이스(컨트롤러 또는 조이스틱), 미션 계획 및 실행을 위한 소프트웨어, 실시간 모니터링 및 제어를 위한 통신 링크(라디오 또는 텔레메트리)로 구성된다. GCS는 데이터 수집, 분석 및 다른 연구

도구와의 통합을 위한 추가 옵션도 있다.

마지막으로 차량 운송(Vehicle Transportation)은 X-56A/UAV를 비행 테스트 위치로 안전하게 운송하기 위한 수단을 말한다. X-56A/UAV의 크기와 복잡성에 따라서는 작은 X-56A/UAV를 운송하는 간단한 차량부터 대형 X-56A/UAV에 대한 랙이 장착된 전문적인 트레일러나 차량까지 다양할 수 있다.

한편, 연구 및 개발 비행 시험용으로 완전한 X-56A/UAS 설정에는 다음과 같은 추가 구성 요소 및 고려 사항이 있다.

- 전원 시스템: X-56A/UAV의 크기와 추진 시스템(전기, 가솔린, 하이브리드)에 따라 배터리, 연료 또는 기타 전원이 필요하다.
- 페이로드: 연구 목적으로 X-56A/UAV에 장착된 센서, 카메라, 과학적 기기 또는 기타 장비가 포함된다.
- 데이터 링크: 비행 제어 및 텔레메트리 데이터 수신을 위한 X-56A/UAV와 GCS 간의 신뢰할 수 있는 통신 링크가 필요하다.
- 안전 시스템: 안전한 운영을 보장하기 위한 실패 안전 기능 및 중복 시스템이 필요하다. 자동 비상 착륙과 같은 기능이 포함될 수 있다.
- 규정 준수: 현지 항공 규정을 준수하고 비행 테스트를 위한 필요한 허가를 획득해야 한다.

연구 및 개발 비행 시험용 완전한 X-56A/UAS 설정에는 프로젝트 또는 프로그램의 특정 요구사항을 충족하기 위해 각 구성 요소가 신중하게 선택되고 통합되어야 한다.

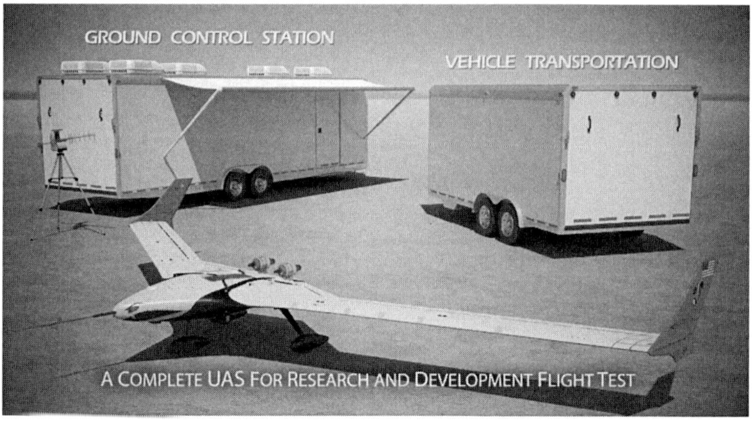

[그림. 145] 연구 및 개발 비행 시험용 완전한 무인 항공 시스템
(A Complete UAS for Research and Development Flight Test)

[그림. 146] X-56A 지상 제어 스테이션 (GCS: Ground Control Station)

한편, X-56A를 [그림. 147]과 같이 조종 스틱과 스로틀을 사용하여 비행을 제어하며, 다양한 스위치, 버튼 및 디스플레이를 통해 다양한 기능과 시스템을 조작한다.

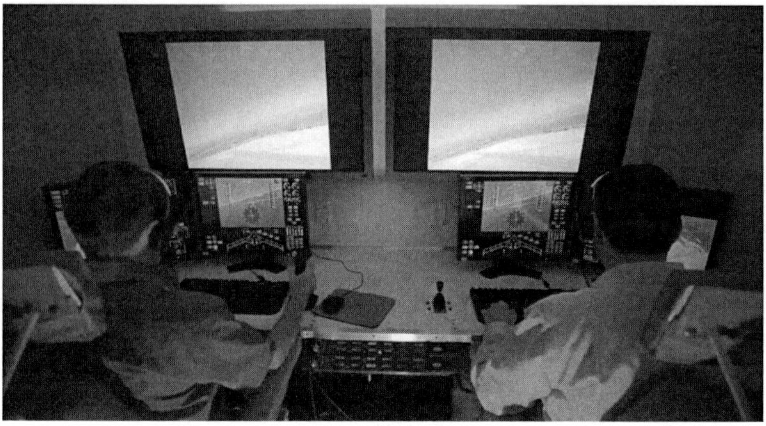

[그림. 147] 록히드마틴사(Lockheed Martin)/NASA/
미군 공군 전투기 조종사의 제어 모습

이처럼 X-56A는 미국 공군과 NASA가 공동으로 개발한 실험용 무인 드론(Drone)으로, 유연하고 고도로 조절 가능한 날개를 특징으로 하고 있다. X-56A는 주로 유연한 날개를 사용하여 착륙과 이착륙을 시뮬레이션(Simulation)하고 비행 동안의 동적응답을 평가하는데 사용된다. 원격 조종에 의한 비행 테스트를 통해 신기술이나 새로운 비행 제어 시스템을 검증하는데 활용될 수 있다.

[그림. 148]는 X-56A의 원격 비행 모습이다. 실제로는 조종사가 지상에서 원격으로 조종하거나 프로그램이 사전에 설정된 비행 경로를 따라 이동하는 것을 포함할 수 있다. 유연한 날개를 사용한 본 X-56A는 특히 날개의 형태를 변형시켜 비행 특성을 변경할 수 있어 다양한 실험을 수행하는데 적합하다.

[그림. 148] X-56A의 원격 비행 모습

[그림. 149]의 X-56A의 제어 프로그램과 조종 스틱은 해당 무인 항공기의 원격 조종 시스템의 중요한 구성 요소이다. X-56A의 제어 프로그램은 지상 제어 스테이션(GCS) 컴퓨터에서 실행되는 소프트웨어 애플리케이션이다. 이 프로그램은 원격 조종사가 항공기와 상호 작용하는 인터페이스를 제공한다. 다음과 같은 기능을 포함하고 있다.

- 비행 모드 선택(수동, 반자동, 자동 등)
- 실시간 텔레메트리 데이터 표시(고도, 공기 속도, 자세 등)
- 웨이포인트 및 비행경로 정의를 위한 미션 계획 도구
- 수동 조종을 위한 제어 입력
- 시스템 상태 표시 및 경고

한편, 조종 스틱은 원격 조종사가 X-56A를 제어하기 위해 사용하는 물리적 입력 장치이다. 일반적으로 지상 제어 스테이션 컴퓨터에 연결되며, X-56A를 제어하는데 사용되는 주요 입력 장치로 작용

한다. 조종 스틱에는 항공기의 피치, 롤, 스로틀 및 보조 기능을 제어하기 위한 다양한 입력 축과 버튼이 포함될 수 있다. X-56A의 구체적인 구성에 따라 조종 스틱에는 상황인식과 제어 정밀도를 향상시키기 위한 힘 피드백이나 기타 고급 기능이 포함될 수 있다.

[그림. 149] X–56A 제어 프로그램 및 조종 스틱

[그림. 150] 플러터 발생(Flutter Encountered)은 X-56A 무인 항공기에서 플러터 현상이 발생했음을 나타낸다. 플러터(Flutter)는 X-56A의 날개나 꼬리 표면에서 발생하는 공기 역학적 진동으로 이는 일반적으로 고속 비행 또는 특정 상황에서 발생할 수 있다. 이러한 진동은 항공기 구조에 부정적인 영향을 미칠 수 있기에 조치가 필요하다.

[그림. 150] 플러터 발생 (Flutter Encountered)

[그림. 151]는 X-56A 플러터(Flutter) 실시간 견고성 테스트를 보여주는 것으로 X-56A에서 플러터 현상이 발생하는 상황에서의 견고성을 실시간으로 테스트하는 과정을 의미한다. 이러한 테스트는 X-56A 의 날개나 꼬리 표면에서 발생하는 공기 역학적 진동인 플러터가 항공기 구조에 부정적인 영향을 미치는지 확인하고, 이에 대처할 수 있는 조치를 개발하는 데 중요하다. 이러한 테스트는 항공기의 안전성과 신뢰성을 보장하기 위해 수행된다.

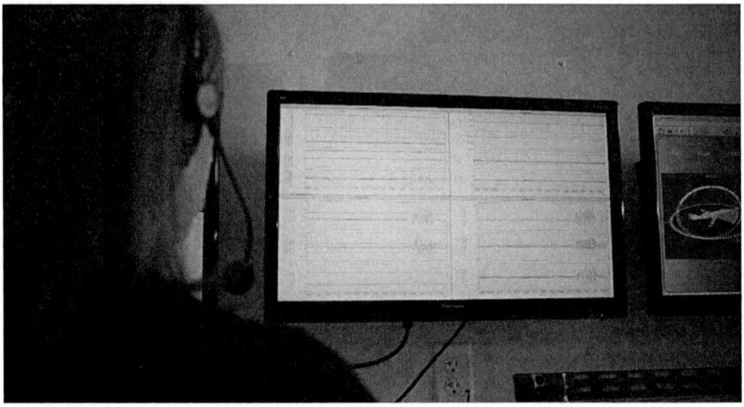

[그림. 151] 플러터(Flutter) 실시간 견고성 테스트

[그림. 152]과 [그림. 153]는 X-56A가 플러터(Flutter) 현상을 돌파하는 과정을 보여준다. 이는 X-56A가 플러터(Flutter) 현상을 극복하고 안정적인 비행을 보장하기 위한 연구와 개발을 진행하는데 중점을 둔 것으로 추론된다.

[그림. 152] 플러터 장벽 돌파 (Breaking The Flutter Barrier) 1

[그림. 153] 플러터 장벽 돌파 (Breaking The Flutter Barrier) 2

[그림. 154]는 미국 록히드마틴(Lockheed Martin)사에서 최종 완성하고 운영하고 있는 X-56A 제품이다. 실제 제품이며 비행중 모습은 [그림. 154]의(가)와 같으며 이착륙중 모습은 [그림. 154]의(나)와 같다.

(가) 비행중 모습

(나) 이착륙중 모습

[그림. 154] X–56A

출처:https://www.lockheedmartin.com/en-us/products/X-56A.html

6.2.2. 홀로그램과 디지털 트윈기술을 응용한 교전 시나리오

본 사례는 미국 록히드 마틴(Lockheed Martin)사가 유튜브(YouTube) 공식 계정에서(Lockheed Martin: The Future of Work)

2019년 공개한 홀로그램(Hologram)과 디지털 트윈(Digital Twin) 기술이 응용된 시나리오(Scenario)이다.

미국 록히드 마틴(Lockheed Martin: The Future of Work)사의 전투기인 B-2 다음 프로토타입(Prototype)으로 예상되는 B-21 Raider(B-3 또는 LRS-B: Long-Range Strike-B)협업과 관련된 미래의 전투에 대한 시나리오(Scenario)가 나온다. [그림. 151]과 같이 먼저 F-35시리즈가 미군(美軍: United States Armed Forces) 항공모함(航空母艦: Aircraft Carrier)에 탑재된 모습으로 시나리오(Scenario)가 시작한다. 그리고 [그림. 155] 인공위성(Satellite)과 함께 [그림. 156] 드론(Drone)이 등장한다.

[그림. 155] F-35시리즈가 미군 항공모함에 탑재된 모습

[그림. 156] 미국 록히드마틴사의 인공위성

[그림. 157] 드론(Drone)은 [그림. 158]처럼 홀로그램(Hologram)으로 군무원(혹은 기술지원팀)과의 홀로그램(Hologram)으로 교신을 한다.

[그림. 157] 미국 록히드마틴사의 드론

[그림. 158] 드론, 차세대 헬기, 군인, 홀로그램 군무원

[그림. 159]은 홀로그램 군무원이 미국 록히드 마틴(Lockheed Martin)사의 디지털 트윈 솔루션(Digital Twin Solution)에 로그인(Login) 하는 모습이다.

[그림. 159] 홀로그램 군무원이 록히드마틴 디지털 트윈 솔루션(Digital Twin Solution)에 로그인(Login) 하는 모습

[그림. 160]은 홀로그램 군무원(혹은 기술지원 팀) B-21 Raider의 재료를 선택하여 마치 게임을 하는 것처럼 B-21 Raider 기체의 재료를 선택할 수 있다.

[그림. 160] 홀로그램 군무원이 B-21 Raider의 재료를 선택하는 모습

[그림. 161] 홀로그램 군무원이 B-21 Raider의 재료를 선택하는 모습이고 B-2가 맡았던 핵 장착 및 폭격 가능한 기능뿐만 아니라 전투 지휘가 가능한 공중조기경보기(Airborne Early Warning), 정보 수집기의 역할, 요격기의 각 시나리오에 맞는 다양한 기능과 무게를 위한 재료를 디지털 트윈(Digital Twin) 기술로 설계 변경이 가능한 것을 보여준다.

힌편, [그림. 161]은 홀로그램 군무워이 디지털 트윈(Digital Twin)기술로 B-21 Raider를 설계 완료한 모습이다.

[그림. 161] 디지털 트윈(Digital Twin)기술로 설계 완료한 모습

록히드마틴사의 B-21는 지금까지 집약된 모든 군사기술을 응용하여 사용할 수 있어야 한다는 요구사항을 기반으로 설계되었으며, B-2와 다르게 미국 본토에서 떠서 전 세계가 작전 가능한 차세대 전투기이다. 따라서 그 작년 수행 반경 및 시나리오에 따라 재료를 비롯한 무게를 변경 가능하게 할 것으로 추청된다. 한편, [그림. 162]는 홀로그램 군무원이 디지털 트윈(Digital Twin)기술로 시나리오(Scenario)에 따른 기체를 시뮬레이션(Simulation)하는 모습이다.

[그림. 162] 디지털 트윈(Digital Twin) 기술로 시뮬레이션하는 모습

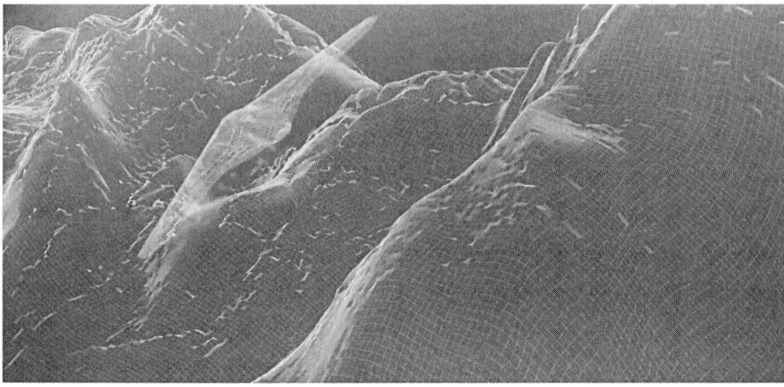

[그림. 163] B-21 Raider 비행중 피로파괴 시뮬레이션 1

[그림. 164]과 [그림. 165]처럼 압력과 비행중 피로파괴(Fatigue Failure) 시뮬레이션 해주는 것과 [그림. 166]처럼 비행 중 대기압을 계산하여 날개의 이동을 최적화 해주고 새나 벌처럼 비행 중 날개를 흔들어주면서 이를 제어하고, 날개의 한계 스트레스 지수를 보여줌으로써 새로운 비행 기술과 새로운 날개를 개발할 수 있다.

[그림. 164] B-21 Raider 비행중 피로파괴 시뮬레이션 2

[그림. 165] 비행 중 대기압을 계산하여 날개의 이동을 최적화 함

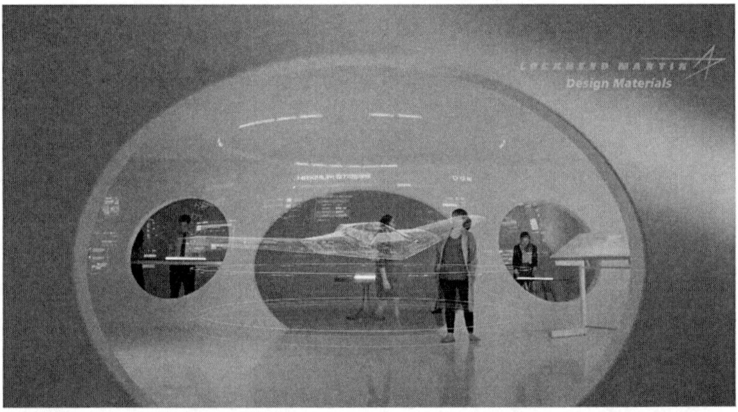

[그림. 166] 미국 록히드마틴사 재료 설계팀

한편, [그림. 167]과 같이 록히드마틴사 재료 설계 팀에서는 비행에 필요한 재료를 선택 해주고, [그림. 167]와 같이 재료공학자들이 이를 선택해줄 수 있고, 솔루션이 가능한 지 여부와 최적화(Optimization) 해 준다.

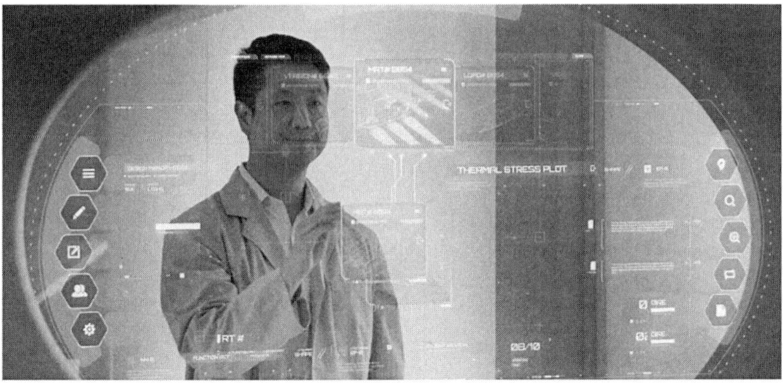

[그림. 167] 재료 최적화

[그림. 168]처럼 공간을 떠나서 전투 현장과 통신을 할 수가 있고 지시 사항과 전투 시나리오를 실시간으로 공유할 수 있다.

[그림. 168] 디지털 트윈(Digital Twin)을 이용하여 화상회의 하는 모습

그리고 [그림. 169]처럼 작전 시나리오, 폭격 시나리오, 매뉴얼 등을 디지털 트윈(Digital Twin)으로 사전 브리핑(Briefing)함으로써 군인들이 이해하기 쉽게 할 수 있게 함으로써 전투력을 향상시킬 수 있다.

[그림. 169] 홀로그램과 디지털 트윈(Digital Twin)을 이용한 브리핑 모습

[그림. 170] 드론이 인공지능으로 스텔스 (Stealth) 도료의
도장 상태 품질을 평가하는 모습

한편, [그림. 170]과 같이 제조공정에서도 인공지능(AI)과 드론은 이용하여 완벽한 스텔스(Stealth)에 완벽한 기체를 완성 [그림. 171] 하고 유지보수 할 수 있다. 스텔스(Stealth) 기능뿐만 가진 것이 아니라, 기체의 대부분 부분이 생물의 피부의 세포 처럼 움직일 수 있도록 설계 및 구현되어 있는데, 이렇게 되면 제조공정상 스텔스(Stealth) 도료를 덮고, 유지보수를 하는데 어려움을 겪을 수 있기 때문에 생각하는 아이디어로 추론된다.

[그림. 171] 시뮬레이션이 완료된 모습

[그림. 172] 디지털 트윈(Digital Twin)으로 B-21 Raider 운용현황 공유

한편, [그림. 172]는 디지털 트윈(Digital Twin)으로 B-21 Raider (유인기 혹은 무인기)의 운용현황 및 교신장면을 실시간으로 군인이 홀로그램 디바이스 혹은 디바이스로 공유할 수도 있으며, [그림. 173]처럼 지상군/요원의 폭격 요청을 실시간으로 응답 후 폭격할 수 있다.

[그림 173] 지상군이 홀로그램 디바이스(Hologram Device)로 폭격 요청하는 모습

또한, [그림. 174] 처럼 홀로그램 기반 디지털 트윈(Digital Twin) 기반 사드 시스템(Digital Twin-based THAAD System)도 홀로그램으로 제어가 가능하며, [그림. 175] 레이저 웨펀 시스템(LaWS: Laser Weapon System)으로 미사일을 요격하는 장면을 볼 수 있다. 2040년 완제품 완성 목표로 미국 록히드 마틴(Lockheed Martin)사에서 완성 후 미군(美軍 United States Armed Forces)에 납품 예정이라고 한다.

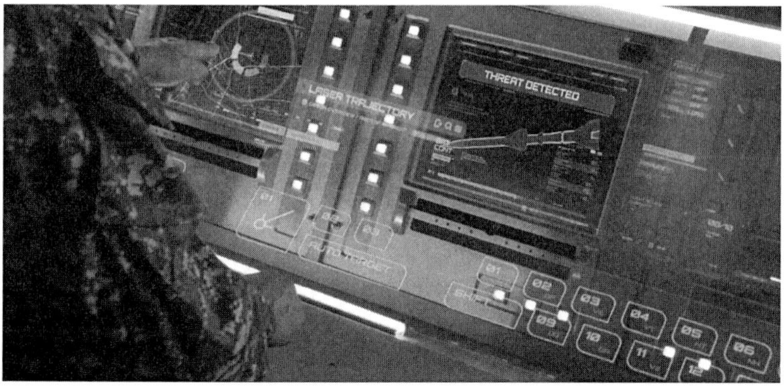

[그림. 174] 디지털 트윈(Digital Twin) 기반 사드 서비스

[그림. 175] 레이저 웨펀 시스템(LaWS: Laser Weapon System)으로 미사일을 요격하는 장면 (2040년 완제품 완성 목표로 미군에 납품 예정)

자세한 것은 다음 페이지의 URL을 참고하기 바란다.

https://www.youtube.com/watch?v=v-Kgl-I0MOc

읽을거리

홀로그램(Hologram)은 1948년 헝가리 출신인 영국 임페리얼 칼리지 런던(Imperial College London) 대학교 응용물리학과 고 데니스 가보르(Dennis Gabor) 교수가 홀로그래피(Holography)라는 개념으로 처음 제안하였다.

그는 다양한 저서에서 주파수의 원리, 홀로그램의 원리를 발견하였고 [그림. 176]과 같이 1970년 IEEE Medal of Honor를 수상 하였으며, [그림. 177]와 같이 1971년에 노벨물리학상을 수상 하였다. 그는 노벨상 수상 강연에서 1948년부터 홀로그래피(Holography)의 발전사를 발표하였다. 이는 세계 3대 학술지 사이언스 본지 논문지에서도 소개되었으며 다음 [그림. 178]과 같다.

이 원리는 이후 미국의 레이스(Leith) 교수가 투과형 홀로그램등에 레이저광이 이용된 결과 급속히 발전했다.

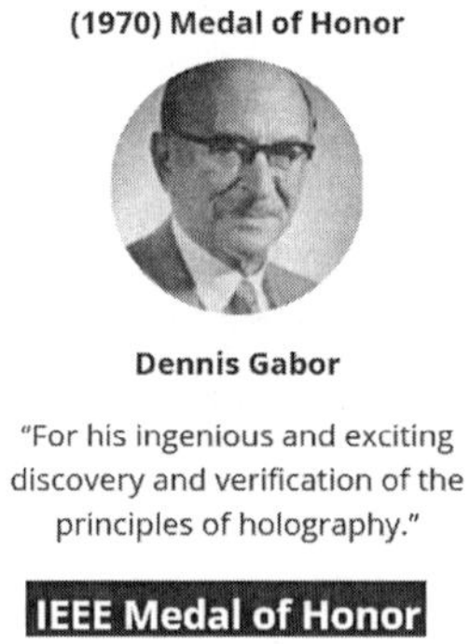

[그림. 176] IEEE Medal of Honor

[그림. 177] 고 데니스 가보르(Dennis Gabor) 교수의 IEEE Medal of Honor 수상과 노벨물리학상 수상 장면 〈출처 IEEE, 블룸버그〉

홀로그래피(Holography)란, 두 개의 레이저광이 서로 만나 일으키는 빛의 간섭 현상을 이용하여 입체적인 정보를 기록하고 재생하는 기술이다. 홀로그램(Hologram)은 홀로그래피(Holography) 기술을 통해 존재하지 않지만 실제와 같은 3차원 영상이나 이미지를 재현하는 기술이라고 정의한다. 어원은 그리스어로 '완전함' '전체' 혹은 '모두'를 뜻하는 홀로(Holo)와 '메시지', '정보'를 뜻하는 그램(Gram)이 합쳐져 이름이 붙여졌으며 실제 물체처럼 입체로 보이는 3차원 영상이나 이미지 등을 의미한다. 한편, 다음 [그림. 178]는 세계 3대 학술지인 사이언스(Science)에서 소개 고 데니스 가보르(Dennis Gabor) 교수가 1948년부터 1971년까지 홀로그램 동향을 소개한 리뷰논문의 첫페이지이다.

28 July 1972, Volume 177, Number 4046 **SCIENCE**

Holography, 1948–1971

Dennis Gabor

I have the advantage in this lecture, over many of my predecessors, that I need not write down a single equation or show an abstract graph. One can, of course, introduce almost any amount of mathematics into holography, but the essentials can be explained and understood from physical arguments.

Holography is based on the wave nature of light, and this was demonstrated convincingly for the first time in 1801 by Thomas Young, in a wonderfully simple experiment. He let a ray of sunlight into a dark room, and placed a dark screen in front of it, pierced with two small pinholes, and beyond this, at some distance, a white screen. He then saw two darkish lines, one on each side of a bright line, which gave him sufficient encouragement to repeat the experiment, this time with a spirit flame as light source, with a little salt in it, to produce the bright yellow sodium light. This time he saw a number of dark lines, regularly spaced, the first clear proof that light added to light can produce darkness (Fig. 1). This phenomenon is called interference. Thomas Young had expected it because he believed in the wave theory of light. His great contribution to Christian Huygens's original idea was the intuition that monochromatic light represents regular, sinusoidal oscillations, in a medium which at that time was called "the ether." If this is so, it must be possible to produce more light by adding wave crest to wave crest, and darkness by adding wave crest to wave through.

Light that is capable of interferences is called "coherent," and it is evident that, in order to yield many interference fringes, the light must be *very* monochromatic. Coherence is conveniently measured by the path difference between two rays of the same source, by which they can differ while still giving observable interference contrast. This is called the coherence length, an important quantity in the theory and practice of holography. Lord Rayleigh and Albert Michelson were the first to understand that it is a reciprocal measure of the spectroscopic line width. Michelson used it for ingenious methods of spectral analysis and for the measurement of the diameter of stars.

Let us now jump a century and a half, to 1947. At that time I was very interested in electron microscopy. This wonderful instrument had at that time produced a hundredfold improvement in the resolving power of the best light microscopes, and yet it was disappointing, because it had stopped short of resolving atomic lattices. The de Broglie wavelength of fast electrons, about 1/20 angstrom, was short enough but the optics was imperfect. The best electron objective that one can make can be compared in optical perfection to a raindrop rather than to a microscope objective, and through the theoretical work of O. Scherzer it was known that the electron objective could never be perfected. The theoretical limit at that time was estimated at 4 angstroms, just about twice what was needed to resolve atomic lattices, while the practical limit stood at about 12 angstroms. These limits were given by the necessity of restricting the aperture of the electron lenses to a few thousandths of a radian, at which angle the spherical aberration error is about equal to the diffraction error. If one doubles this aperture so that the diffraction error is halved, the spherical aberration error is increased eight times, and the image is hopelessly blurred.

After I had pondered this problem for a long time, a solution suddenly dawned on me, one fine day at Easter 1947, more or less as shown in Fig. 2. Why not take a bad electron picture, but one which contains the *whole* of the information, and correct it by optical means? It had been clear to me for some time that this could be done, if at all, only with coherent electron beams, with electron waves that have a definite phase. But an ordinary photograph loses the phase completely, it records only the intensities. No wonder we lose the phase, if there is nothing to compare it with! Let us see what happens if we add a standard to it, a "coherent background." My argument is illustrated in Fig. 2, for the simple case when there is only one object point. The interference of the object wave and of the coherent background or "reference wave" will then produce interference fringes. There will be maxima wherever the phases of the two waves are identical. Let us make a hard positive record, so that it transmits only at the maxima, and illuminate it with the reference source alone. Now the phases are of course right for the reference source *A*, but, as at the slits the phases are identical, they must be right also for *B*; therefore, the wave of *B* must also appear, *reconstructed*.

A little mathematics soon showed that the principle was right, also for more than one object point, for any

The author is professor emeritus and senior research fellow at the Imperial College of Science and Technology, London, England, and staff scientist at CBS Laboratories, Stamford, Connecticut. This article is the lecture he delivered in Stockholm, Sweden, on 13 December 1971 when he received the Nobel Prize in Physics. Minor corrections and additions have been made by the author. The article is published here with the permission of the Nobel Foundation and will also be included in the complete volume of *Les Prix Nobel en 1971* as well as in the series Nobel Lectures (in English) published by the Elsevier Publishing Company, Amsterdam and New York.

28 JULY 1972 299

[그림. 178] 홀로그램 동향 사이언스 논문: 1948년부터 1971년까지

연습문제

1. 플러터(Flutter)에 대하여 설명하시오.

2. X-56A 개발과정에 대하여 설명하시오.

3. 홀로그램에 대하여 설명하고 응용 가능한 아이디어를 제시하시오.

4. 홀로그램과 디지털 트윈(Digital Twin) 기술을 응용한 교전 시나리오에 대하여 설명하고, 새로운 시나리오를 구성하시오.

참고문헌

1. 김성규, 허준호, “블록체인의 세계 그 마법의 원리를 말하다.” 교우사, 2021.
2. Adepoju, O., Aigbavboa, C., Nwulu, N., Onyia, M., Adepoju, O. (2022). Drone/unmanned aerial vehicles (UAVs) technology. Re-skilling Human Resources for Construction 4.0: Implications for Industry, Academia and Government, 65-89.
3. Boonyathanmig, N., Gongmanee, S., Kayunyeam, P., Wutticho, P., Prongnuch, S. (2021, March). Design and implementation of mini-uav for indoor surveillance. In 2021 9th International Electrical Engineering Congress (iEECON) (pp. 305-308). IEEE.
4. Niculescu, V., Müller, H., Ostovar, I., Polonelli, T., Magno, M., Benini, L. (2022, May). Towards a multi-pixel time-of-flight indoor navigation system for nano-drone applications. In 2022 IEEE International Instrumentation and Measurement Technology Conference (I2MTC) (pp. 1-6). IEEE.
5. Cristiani, D., Bottonelli, F., Trotta, A., Di Felice, M. (2020, August). Inventory management through mini-drones: Architecture and proof-of-concept implementation. In 2020 IEEE 21st International Symposium on A World of Wireless, Mobile and Multimedia Networks(WoWMoM) (pp. 317-322). IEEE.
6. La Delfa, J., Baytaş, M. A., Luke, E., Koder, B., Mueller, F. F. (2020, July). Designing Drone Chi: Unpacking the Thinking and Making of Somaesthetic Human-Drone Interaction. In Proceedings of the 2020 ACM Designing Interactive Systems Conference (pp. 575-586).
7. Demirhan, M., Premachandra, C. (2020). Development of an Automated Camera-Based Drone Landing System. IEEE Access, 8, 202111-202121. doi:10.1109/access.2020.3034948.
8. Z. Lv, L. Qiao, M. S. Hossain, B. J. Choi, "Analysis of Using Blockchain to Protect the Privacy of Drone Big Data," IEEE Network, vol. 35, no. 1, pp. 44-49, January/February 2021, doi: 10.1109/MNET.011.2000154.

9. Zhang, H., Wang, G., Lei, Z., Hwang, J. N. (2019, October). Eye in the sky: Drone-based object tracking and 3d localization. In Proceedings of the 27th ACM International Conference on Multimedia (pp. 899-907).

10. P. Nooralishahi, F. López, X. P. V. Maldague, "Drone-Enabled Multimodal Platform for Inspection of Industrial Components," IEEE Access, vol. 10, pp. 41429-41443, 2022, doi: 10.1109/ACCESS.2022.3167393.

11. Hanrahan, B. V., Maitland, C., Brown, T., Chen, A., Kagame, F., Birir, B. (2021). Agency and Extraction in Emerging Industrial Drone Applications: Imaginaries of Rwandan Farm Workers and Community Members. Proceedings of the ACM on Human-Computer Interaction, 4(CSCW3), 1-21.

12. Xia, S., Chandrasekaran, R., Liu, Y., Yang, C., Rosing, T. S., Jiang, X. (2021, November). A drone-based system for intelligent and autonomous homes. In Proceedings of the 19th ACM Conference on Embedded Networked Sensor Systems (pp. 349-350).

13. Khosravi, M., Enayati, S., Saeedi, H., Pishro-Nik, H. (2021). Multi-Purpose Drones for Coverage and Transport Applications. IEEE Transactions on Wireless Communications, 20(6), 3974–3987. doi:10.1109/twc.2021.3054748.

14. S. Rachmawati et al., "Application of Drone Technology for Mapping and Monitoring of Corn Agricultural Land," 2021 International Conference on ICT for Smart Society (ICISS), Bandung, Indonesia, 2021, pp. 1-5, doi: 10.1109/ICISS53185.2021.9533231.

15. Z. Huang, C. Chen, M. Pan, ''Multiobjective UAV path planning for emergency information collection and transmission,'' IEEE Internet Things J., vol. 7, no. 8, pp. 6993–7009, Aug. 2020.

16. Kandath, H., Bera, T., Bardhan, R., Sundaram, S. (2018, January). Autonomous navigation and sensorless obstacle avoidance for UGV with environment information from UAV. 2018 Second IEEE International Conference on Robotic Computing (IRC), pp. 266-269.

17. J. Kwak, Y. Sung, "Autonomous UAV Flight Control for GPS-Based Navigation," IEEE Access, vol. 6, pp. 37947-37955, 2018, doi: 10.1109/ACCESS.2018.2854712.

18. Wang, C., Wang, J., Shen, Y., Zhang, X. (2019). Autonomous navigation of

UAVs in large-scale complex environments: A deep reinforcement learning approach. IEEE Transactions on Vehicular Technology, 68(3), pp. 2124-2136.

19. J. N. Yasin, S. A. S. Mohamed, M. -H. Haghbayan, J. Heikkonen, H. Tenhunen, J. Plosila, "Unmanned Aerial Vehicles (UAVs): Collision Avoidance Systems and Approaches," IEEE Access, vol. 8, pp. 105139-105155, 2020, doi: 10.1109/ACCESS.2020.3000064.

20. D. I. Koutras, A. C. Kapoutsis, E. B. Kosmatopoulos, "Autonomous and Cooperative Design of the Monitor Positions for a Team of UAVs to Maximize the Quantity and Quality of Detected Objects," IEEE Robotics and Automation Letters, vol. 5, no. 3, pp. 4986-4993, July 2020, doi: 10.1109/LRA.2020.3004780.

21. J. Chen, C. Du, Y. Zhang, P. Han, W. Wei, "A Clustering-Based Coverage Path Planning Method for Autonomous Heterogeneous UAVs," IEEE Transactions on Intelligent Transportation Systems, vol. 23, no. 12, pp. 25546-25556, Dec. 2022, doi: 10.1109/TITS.2021.3066240.

22. Liu, X., Chen, M., Liu, Y., Chen, Y., Cui, S., Hanzo, L. (2021). Artificial Intelligence Aided Next-Generation Networks Relying on UAVs. IEEE Wireless Communications, 28(1), 120−127. doi:10.1109/mwc.001.2000174.

23. S. Rezwan, W. Choi, "Artificial Intelligence Approaches for UAV Navigation: Recent Advances and Future Challenges," IEEE Access, vol. 10, pp. 26320-26339, 2022, doi: 10.1109/ACCESS.2022.3157626.

24. Padhy, R. P., Sa, P. K., Narducci, F., Bisogni, C., Bakshi, S. (2023). Monocular Vision-aided Depth Measurement from RGB Images for Autonomous UAV Navigation. ACM Transactions on Multimedia Computing, Communications and Applications, 20(2), 1-22..

25. Dunn, N., Schallenberger, Z., Blaz, S., Chapman, R. (2021). Autonomous UAV navigation in a GPS-denied outdoor environment using discontinuous visual contact with fiducial markers. auburn REU on SMART UAVs 2021 technical report# CSSE21-01. Journal of Computing Sciences in Colleges, 37(5), 76-89

26. Koch, W., Mancuso, R., West, R., Bestavros, A. (2019). Reinforcement learning for UAV attitude control. ACM Transactions on Cyber-Physical

Systems, 3(2), 1-21.

27. Wu, F., Zong, Y., Zhao, R., Yu, T., Tang, X., He, X. Visual odometery for UAV navigation based on deep learning. In Proceedings of the 2021 5th International Conference on Electronic Information Technology and Computer Engineering, pp. 1493-1501, 2021.

28. Zheng, Z., Shi, Y., Wang, T., Liu, J., Fang, J., Wei, Y., Chua, T. S. (2023). Uavs in multimedia: Capturing the world from a new perspective. In Proceedings of the 31th ACM International Conference on Multimedia Workshop (Vol. 4).

29. Pan, Y. et al. Efficient schedule of energy-constrained UAV using crowdsourced buses in last-mile parcel delivery. Proceedings of the ACM on Interactive, Mobile, Wearable and Ubiquitous Technologies, 5(1), 1-23, 2021.

30. Meng, X., Wang, W., Leong, B. (2015, October). SkyStitch: A cooperative multi-UAV-based real-time video surveillance system with stitching. In Proceedings of the 23rd ACM international conference on Multimedia (pp. 261-270).

31. Faraci, G., Grasso, C., Schembra, G. (2020). Fog in the clouds: UAVs to provide edge computing to IoT devices. ACM Transactions on Internet Technology (TOIT), 20(3), 1-26.

32. Matolak, D. W., Ruoyu Sun. (2015). Unmanned Aircraft Systems: Air-Ground Channel Characterization for Future Applications. IEEE Vehicular Technology Magazine, 10(2), 79–85. doi:10.1109/mvt.2015.2411191

33. J. Wang, Y. Liu, H. Song, "Counter-Unmanned Aircraft System(s) (C-UAS): State of the Art, Challenges, and Future Trends," IEEE Aerospace and Electronic Systems Magazine, vol. 36, no. 3, pp. 4-29, 1 March 2021, doi: 10.1109/MAES.2020.3015537.

34. A. S. Abdalla, V. Marojevic, "Communications Standards for Unmanned Aircraft Systems: The 3GPP Perspective and Research Drivers," IEEE Communications Standards Magazine, vol. 5, no. 1, pp. 70-77, 2021, doi: 10.1109/MCOMSTD.001.2000032.

35. Shirey, R., Rao, S., Sundaram, S. Measuring fixed wing UAS networks at long range. In Proceedings of the 6th ACM Workshop on Micro Aerial Vehicle

Networks, Systems, and Applications (pp. 1-6), 2020.

36. Rodionova, A., Pant, Y. V., Kurtz, C., Jang, K., Abbas, H., Mangharam, R. (2021). Learning-'N-Flying: A Learning-Based, Decentralized Mission-Aware UAS Collision Avoidance Scheme. ACM Transactions on Cyber-Physical Systems (TCPS), 5(4), 1-26.

37. Zheng, W., Yi, J., Xiang, H., Zhou, B., Wang, D., Zhao, C. (2021, January). A Study for UAV Autonomous Safe Landing-Site Selection on Rough Terrain. In The 2nd International Conference on Computing and Data Science (pp. 1-7).

38. K. Mukadam, A. Sinh, R. Karani, "Detection of landing areas for unmanned aerial vehicles," 2016 International Conference on Computing Communication Control and automation (ICCUBEA), Pune, India, 2016, pp. 1-5, doi: 10.1109/ICCUBEA.2016.7860044.

39. Fitzgerald, D., Walker, R., Campbell, D. A vision based forced landing site selection system for an autonomous UAV. 2005 International Conference on Intelligent Sensors, Sensor Networks and Information Processing (pp. 397-402). IEEE, 2005.

40. B. Ayhan, C. Kwan, Y. -B. Um, B. Budavari, J. Larkin, "Semi-Automated Emergency Landing Site Selection Approach for UAVs," IEEE Transactions on Aerospace and Electronic Systems, vol. 55, no. 4, pp. 1892-1906, Aug. 2019, doi: 10.1109/TAES.2018.2879529.

41. Jun-Ho Huh, "PLC-integrated sensing technology in mountain regions for drone landing sites: focusing on software technology," Sensors, pp. 1-24, 2018.

42. Symeonidis, C., Kakaletsis, E., Mademlis, I., Nikolaidis, N., Tefas, A., Pitas, I. (2021, January). Vision-based UAV safe landing exploiting lightweight deep neural networks. In Proceedings of the 2021 4th International Conference on Image and Graphics Processing (pp. 13-19).

43. L. Yan, J. Qi, M. Wang, C. Wu, J. Xin, "A Safe Landing Site Selection Method of UAVs Based on LiDAR Point Clouds," 2020 39th Chinese Control Conference (CCC), Shenyang, China, 2020, pp. 6497-6502, doi: 10.23919/CCC50068.2020.9189499.

44. M. -F. R. Lee, A. J., S. K. and D. A. Anshuman, "Landing Site Inspection and

Autonomous Pose Correction for Unmanned Aerial Vehicles," 2020 International Conference on Advanced Robotics and Intelligent Systems (ARIS), Taipei, Taiwan, 2020, pp. 1-6, doi: 10.1109/ARIS50834.2020.9205773.

45. Yang, L., Wang, C., & Wang, L. (2022). Autonomous UAVs landing site selection from point cloud in unknown environments. ISA transactions, 130, 610-628.

46. P. Schoppmann et al., "Multi-Resolution Elevation Mapping and Safe Landing Site Detection with Applications to Planetary Rotorcraft," 2021 IEEE/RSJ International Conference on Intelligent Robots and Systems (IROS), Prague, Czech Republic, 2021, pp. 1990-1997, doi: 10.1109/IROS51168.2021.9636507.

47. P. Schmuck and M. Chli, "Multi-UAV collaborative monocular SLAM," 2017 IEEE International Conference on Robotics and Automation (ICRA), Singapore, 2017, pp. 3863-3870, doi: 10.1109/ICRA.2017.7989445.

48. R. Latif., A. Saddik, "SLAM algorithms implementation in a UAV, based on a heterogeneous system: A survey," 2019 4th World Conference on Complex Systems (WCCS), Ouarzazate, Morocco, 2019, pp. 1-6, doi: 10.1109/ICoCS.2019.8930783.

49. Y. Cai, Q. Xi, X. Xing, H. Gui., Q. Liu, "Path planning for UAV tracking target based on improved A-star algorithm," 2019 1st International Conference on Industrial Artificial Intelligence (IAI), Shenyang, China, 2019, pp. 1-6, doi: 10.1109/ICIAI.2019.8850744.

50. Q. Zhou., G. Liu, "UAV Path Planning Based on the Combination of A-star Algorithm and RRT-star Algorithm," 2022 IEEE International Conference on Unmanned Systems (ICUS), Guangzhou, China, 2022, pp. 146-151, doi: 10.1109/ICUS55513.2022.9986703.

51. Dhulkefl, E., Durdu, A., Terzioğlu, H. (2020). Dijkstra algorithm using UAV path planning. Konya Journal of Engineering Sciences, 8, 92-105.

52. Mirzaeinia, A., Shahmoradi, J., Roghanchi, P., Hassanalian, M. (2019). Autonomous routing and power management of drones in GPS-denied environments through dijkstra algorithm. In AIAA Propulsion and Energy 2019 Forum (p. 4462).

53. Mirzaeinia, A., Shahmoradi, J., Roghanchi, P., & Hassanalian, M. (2019). Autonomous routing and power management of drones in GPS-denied

environments through dijkstra algorithm. In AIAA Propulsion and Energy 2019 Forum (p. 4462).

54. Kothari, M., Postlethwaite, I., & Gu, D. W. (2009). Multi-UAV path planning in obstacle rich environments using rapidly-exploring random trees. In Proceedings of the 48h IEEE Conference on Decision and Control (CDC) held jointly with 2009 28th Chinese Control Conference (pp. 3069-3074). IEEE.

55. Min, Y., Wu, K., & Li, K. (2021, October). Online trajectory planning strategy for UAV in dynamic threats based on bug-rapidly-exploring random tree algorithm. In 2021 China Automation Congress (CAC) (pp. 4814-4820). IEEE.

56. Kothari, M., & Postlethwaite, I. (2013). A probabilistically robust path planning algorithm for UAVs using rapidly-exploring random trees. Journal of Intelligent & Robotic Systems, 71, 231-253.

57. Drone Industry Insights "Drone Market Report 2023", 2023.

58. 이성일, 황상욱, 박유빈, 무인기산업 국내외 현황조사 및 수요기반 발전방안 연구, 한국항공우주산업진흥협회 보고서, 2016.

59. 항공안전기술원, 2021년 국내외 드론산업 동향분석 보고서, 항공안전기술원.

60. 정보통신산업진흥원, 품목별 ICT 시장동향 (드론), 정보통신산업진흥원, 2022.

61. 왕기철, 이병선, 임광재, 안재영. 무인기 제어용 네트워크의 보안기술 동향. [ETRI] 전자통신동향분석, 32(1), 2017.

62. 대한민국 국토교통부 보도자료 "드론분야 선제적 규제혁파 로드맵 2.0", 2019.

63. 대한민국 한국교통안전공단 드론교육훈련센터 교육자료, 2020.

64. 제2차 드론산업발전 기본계획(안)", 대한민국 국토교통부, 2023.

65. 임상국, 허준오, "메타버스의 세계 그 마법의 원리를 말하다." 교우사, 2023.

66. 소성현, 김민진, 손영준. 양대현, 연료전지 무인항공기의 고도와 체공시간에 대한 특성 분석 및 최신 연구동향, 한국에너지기술연구원 연료전지연구실, 과학기술연합대학원대학교 신에너지기술학과.

67. Harika Reddy, PATH FINDING - Dijkstra's and A* Algorithm's, 2013.

68. 인터넷 자료, 미국 Lockheed Martin 공식 유튜브, "X-56A: Breaking the Flutter

Barrier," 2013. https://www.youtube.com/watch?v=jM1ns11VWS8

69. 인터넷 자료, https://www.arducopter.co.uk/

70. 인터넷 자료, https://ardupilot.org/

71. 인터넷 자료, http://www.epi-eng.com/

72. 인터넷 자료, https://en.wikipedia.org/wiki/Brushed_DC_electric_motor

73. 인터넷 자료, https://www.electricaltechnology.org/

74. 인터넷 자료, https://robu.in/product/t-motor-flame-70a-6s-esc/

75. 인터넷 자료,
https://ardupilot.org/rover/docs/common-openpilot-revo-mini.html

76. 인터넷 자료, https://things-in-motion.blogspot.com/

77. 인터넷 자료, https://www.dji.com/

78. 인터넷 자료, http://www.tarotrc.com/

79. 인터넷 자료, https://www.comma.ai/openpilot

80. 인터넷 자료, https://www.doosanmobility.com/kr/technology/tech_01

81. 인터넷 자료, http://science.howstuffworks.com/gimbal1.htm

82. 인터넷 자료, 드론타임즈(http://dronestimes.net) 기사토대로 저자가 재구성

83. 인터넷 자료, https://brunch.co.kr/@dronestarting/178

84. 인터넷 자료, 드론정보포털(https://droneportal.or.kr/)

85. 인터넷 자료, https://www.youtube.com/watch?app=desktop&v=cdyj99nGx4c

86. 인터넷 자료, https://www.youtube.com/watch?v=4UEz4ARbMyk

87. 인터넷 자료, https://www.youtube.com/watch?v=ou2iV0u-U2o

88. 인터넷 자료, https://www.youtube.com/watch?v=Ns99NiP1HUs

89. 인터넷 자료, DJI MINI 4 Pro - Active Track Major Updates!
https://www.youtube.com/watch?v=m9XXg8mPWBg

90. 인터넷 자료, Lockheed Martin: The Future of Work
https://www.youtube.com/watch?v=v-Kgl-I0MOc

91. Maes, W.H.; Huete, A.R.; Steppe, K. Optimizing the Processing of UAV-Based Thermal Imagery. Remote Sens. 2017, 9, 476.

92. Bae, M.; Yoo, S.; Jung, J.; Park, S.; Kim, K.; Lee, J.Y.; Kim, H. Devising Mobile Sensing and Actuation Infrastructure with Drones. Sensors, 2018, 18, 624.

93. 인터넷 자료, www.adobe.com

94. 인터넷 자료, www.pix4d.com

95. 인터넷 자료, www.qgis.org/ko/site/

96. David O'Sullivan., David J. Unwin, "Geographic Information Analysis Second edition", Willey, 2010.

97. 대한민국 국토지리정보원, 3차원 공간정보 구축, 2019. https://www.ngii.go.kr/kor/content.do?sq=205

98. 대한민국 국토지리정보원, 3차운 건물모형 보도자료, 2021.06.28.

99. 포스코경영연구소, 디지털 트윈 어떻게 전개될 것인가?, 포스코경영연구소 이슈리포트, 2018.12.04.

100. 인터넷 자료, https://www.ygnews.net

101. 이에이트, 스마트시티의 최신 트렌드와 미래, 대한민국 디지털 트윈의 '꿈' 코리아 디지털 트윈 & 메타버스 그랜드 서밋 2022 Spring, 전자신문인터넷, 2022..05.27.

102. LX공사 스마트시티 디지털 트윈 사업 소개, 한국국토정보공사, 2019

103. 인터넷 자료, www.smarttodya.co.kr

104. 인터넷 자료, https://news.kbs.co.kr

105. Smart City based on Digital Twins (Academician Deren Li Wuhan University, 2022 ICGIS Digital Twin Driven Smart City, 2022.11.03.)

106. 드론활용을 위한 시설물 안전점검 등에서의 시범연구, 국토안전관리원, 2022.01

107. 스마트 댐 안전관리, 한경부 보도자료 , 2021.11.25.

108. 인터넷 자료, www.a-news.kr

109. 인터넷 자료, www.index.go.kr

110. 인터넷 자료, www.anjunj.com

111. 인터넷 자료, www.hankyung.com

112. 인터넷 자료, www.airport.kt

113. 인터넷 자료, www.science.howstuffworks.com

114. 인터넷 자료, www.enterprise-insights.dji.com

115. 인터넷 자료, www.forum.dji.com

116. 인터넷 자료, www.-v1.dji.com/kr

117. 인터넷 자료, www.store.dji.com

118. 인터넷 자료, 조선일보 샹젤리제 한복판의 로켓, 2008. https://www.chosun.com/site/data/html_dir/2008/10/06/2008100600196.html

119. 인터넷 자료, [광안리 M 드론라이트쇼] 2024 카운트다운 특별공연 안내 https://www.visitbusan.net/schedule/view.do?boardId=BBS_0000009&menuCd=DOM_000000204019000000&dataSid=3005

120. J. Gordon Leishman, Bradley Johnson, Engineering Analysis of the 1907 Cornu Helicopter, Journal of the American Helicopter Society, Vol. 54, No. 3, 2009.

121. 인터넷 자료: https://www.lockheedmartin.com/en-us/products/ X-56A.html

122. 인터넷 자료: http://best-breezes.squarespace.com/william-abner-eddy/

123. 인터넷 자료: https://www.law.go.kr/법령/드론활용의촉진및기반조성에관한법률

124. 인터넷 자료: https://www.youtube.com/watch?v=0kz5vEqdaSc

125. 강경호, 드론을 이용한 항공촬영기법, 방송과미디어, 한국방송미디어학회, 제22권, 2호, 2017.

찾아보기

ㄹ

ㅁ

ㅂ

ㅅ

ㅇ

ㅈ

ㅊ

ㅋ

ㅌ

ㅍ

ㅎ

드론의 세계

초판발행 2024년 2월 20일

지은이 윤창원 · 허준호
펴낸이 오판근
펴낸곳 (주) 교우
주 소 서울시 동대문구 약령시로 8 교우빌딩 2층 (주)교우
전 화 02-925-2861 / **팩 스** 02-925-2860, **편집부** 02-925-2825
홈페이지&북스토어 www.kyowoo.co.kr / **이메일** kyowoo@kyowoo.co.kr

등 록 1994년 3월 24일 제1994-000013호
ISBN 979-11-251-0387-5 (93550)

Published by Kyowoo Co., Ltd. Printed in Korea

(주) 교우는 보다 혁신적이고 참신한 도서를 다양하게 기획하고 있습니다.
책으로 펴내고자 하는 아이디어나 원고는 메일로 보내주세요.
(주) 교우는 전과정을 책임지고 최선을 다하겠습니다.

값 20,000원

교우미디어는 (주) 교우의 Imprint 사입니다.
수학정원·과학정원은 (주) 교우의 새로운 브랜드명입니다.

잘못된 책은 구입하신 서점에서 교환해 드립니다.